北京妇产医院专家、孕产营养顾问

坐月子一天一读

王琪　何其勤　主编

中国轻工业出版社

前言

十月怀胎一朝分娩，每一位妈妈都是英雄。

不要以为“卸货”之后就能马上恢复如初，经历过“月子”这一重要的时期才算真正成功。

一说到坐月子，很多已经当妈妈的人都忍不住吐槽——

“老人家让我月子期间千万不能洗头洗澡，否则会头痛！”

“还有人说月子里不能刷牙，不然将来会牙疼！”

“不要开窗，不要吹空调，难道夏天热只能忍着？”

新手妈妈到底应该如何健康地坐月子呢？

“月子”其实叫产褥期，是指从胎盘娩出至女性全身各器官（除乳腺外）恢复至正常未孕状态所需的一段时期。通常胎盘附着部位的子宫内膜完成修复，恢复到正常，大约需要 6 周时间，所以老一辈人所说的“坐月子”就是指这 6 周时间。

刚做了妈妈，在欣慰喜悦的同时，身体上还有很多疼痛和不适。同时还要面对照顾宝宝所带来的疲惫和劳累，这些都成为“坐月子”期间妈妈的困扰。

其实，“坐月子”没有想象中那么可怕。

月子中容易出现的种种状况，本书都提供了科学合理的解决方案，妈妈只要跟着科学指导一步一步去做，可以很顺利地度过完美的 6 周。

另外，本书还给新手妈妈和爸爸准备了很多照顾小宝宝的知识，比如新生儿的身心特点、特殊现象、日常护理、喂养方法等。让初次照顾新生儿的妈妈和爸爸也不必忙乱。

我们在提倡科学坐月子的同时，更要保证月子里妈妈和宝宝的饮食健康。传统坐月子的饮食不合理，蛋、糖的摄入量太高，而蔬菜、水果、奶制品则摄入严重不足。其实妈妈应保持健康均衡的饮食，多吃瘦肉、鱼类和坚果，保证优质蛋白质和必需脂肪酸的摄入，营养均衡才更有利于产后妈妈的身材恢复。

好啦，现在正式开启 42 天之旅，希望每个妈妈都能在这个特殊时期收获良多。

目录 Contents

第3周 补血调气阶段

第4周 增强体质阶段

第5周 呵护肠胃阶段

恢复元气阶段

在经历了生产过程之后，妈妈的身体一般都处于比较虚弱的状态。分娩过程结束以后，马上就开始了哺育宝宝的阶段。初为人母的喜悦与初产的疼痛一并而来。此时，是妈妈和宝宝共同迎接“新生”的第一阶段。

在照顾宝宝的同时，要注意产后科学护理，为妈妈身体恢复打下基础。同时注意均衡膳食，营养合理的饮食搭配可以让妈妈尽快恢复体能，还可以保证有充足的乳汁进行哺乳。

你是最勇敢的妈妈

大部分孕妈妈会在37~42周分娩，因此孕妈妈要时刻关注自己的身体状况，如果出现宫缩、见红等症状，要马上告知家人并立即入院待产。

产前准备

待产包是最重要的产前准备事项，最好从进入孕晚期就开始陆续准备，避免入院前手忙脚乱。待产包内应包含妈妈的洗漱用品、一次性卫生用品以及婴儿衣物、哺乳用品等。

待产包要提前准备起来。

分娩方式

很多妈妈对选择自然分娩还是剖宫产十分犹豫，如果没有达到剖宫产指征，最好选择自然分娩。自然分娩时阴道对胎儿产生挤压，有助于胎儿建立呼吸功能，并刺激新妈妈分泌乳汁，且产后子宫恢复更快，对新妈妈健康有益。其实，自然分娩也有很多减轻痛苦的方式，比如无痛分娩、水中分娩等，建议提前咨询医生做好安排。

心理调节

紧张不安是大部分孕妈妈待产时的心情，尤其是想到自然分娩，立即就与疼痛联系在一起。其实，分娩是自然的生理过程，大可不必过度畏惧。过于紧张的情绪可能导致宫缩无力，产程延长，对胎儿情绪也会造成影响。孕妈妈应多与准爸爸沟通，主动寻求支持和鼓励，也可多与有生育经验的亲友同事互动，听听过来人是如何面对的。

支持妻子选择无痛分娩

如今，无痛分娩技术日趋成熟，已有越来越多的孕妈妈选择无痛分娩。这种方式可舒缓分娩过程中的紧张情绪，减轻生理疼痛，抑制应激反应，降低代谢率，从而避免缺氧风险。有条件的情况下，准爸爸应当支持妻子选择无痛分娩，这样更有助于妈妈和宝宝的健康。

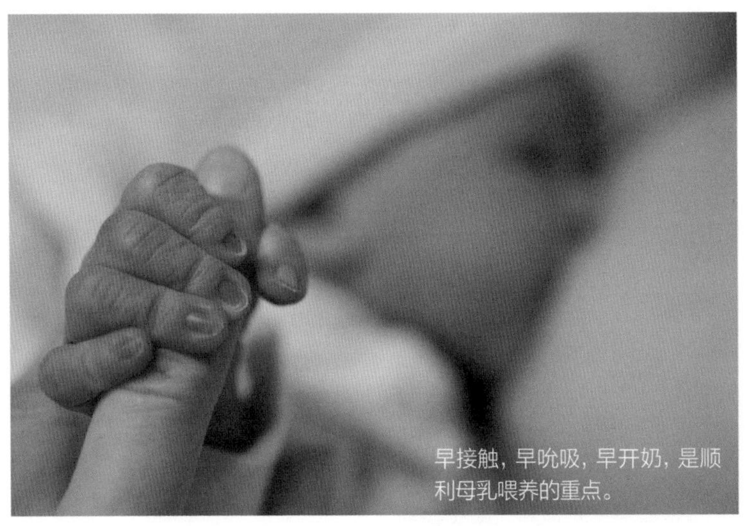

早接触，早吮吸，早开奶，是顺利母乳喂养的重点。

顺产妈妈的护理

好好休息

顺产妈妈在分娩过程中会消耗很多体力和能量，在产后可以适当吃点东西，补充体力。如果妈妈感到十分疲倦，可以闭目养神休息一会儿，但不要睡着，因为接下来还要给宝宝喂奶，同时配合医护人员做产后处理。

哺乳

顺产后 30 分钟就可以让宝宝吸吮乳头，这样可以尽早建立催乳和排乳反射，促进妈妈的乳汁分泌，同时有助于子宫收缩，帮助子宫尽快恢复。哺乳时间不宜过长，以 5~10 分钟为宜，每 1~3 小时哺乳一次。具体时间要根据宝宝的情况和妈妈的乳汁分泌情况综合判断。即便第一次哺乳不顺利也不要灰心，保持乐观情绪对乳汁的分泌很重要。

剖宫产妈妈的护理

预防产后出血

分娩后，妈妈要格外留意阴道出血情况，若产后 24 小时内出血量达到或超过 500 毫升，就称为“产后出血”。一旦出现这种情况，要第一时间通知医生，采取相应的治疗措施，否则可能带来很高的健康风险。

先平卧 6 小时

剖宫产手术需要麻醉，术后妈妈常伴有头疼的症状，建议剖宫产的妈妈术后去枕平卧 6 小时。在 6 小时后，可以使用枕头，适当翻身。 如果一直平卧感觉不舒服，采取侧卧位或半卧位的姿势比平卧更有好处，可减轻对伤口的震痛，使子宫内的积血排除。半卧位的程度是令妈妈身体和床呈 25° 为宜，可以摇床或垫上卧枕。

顺产妈妈的饮食

自然分娩会消耗妈妈很多体力，产后往往出现身体虚弱、精神疲惫的情况，此时及时补充营养十分必要。不过，营养不代表大鱼大肉。油腻、不易消化的食物对妈妈虚弱的肠胃没好处，甚至会引起不适。最好的选择是流食、半流食，清淡可口，荤素搭配，每餐适量。

牛奶红枣粥

原料：大米 50 克，牛奶 250 毫升，红枣适量。

做法：

1. 红枣洗净，去掉枣核。
2. 大米洗净，用清水浸泡 30 分钟。
3. 锅内加入清水，放入浸泡好的大米，大火煮沸后，转小火煮 30 分钟，至米粒软烂。
4. 加入牛奶和红枣，小火慢煮至牛奶烧开，粥浓稠即可。

薏米红枣银耳汤

原料：薏米、银耳各 50 克，红枣、枸杞子、红糖各适量。

做法：

1. 薏米洗净，用清水浸泡 4 小时；银耳洗净，泡发，撕成小片；红枣洗净，去掉枣核。
2. 将浸泡的薏米水和薏米放入锅内，大火煮开，转小火煮 1 小时。
3. 加入银耳和红枣，继续煮 30 分钟，加入枸杞子、红糖再炖 5 分钟即可。

剖宫产妈妈的饮食

剖宫产手术会导致肠胃蠕动变慢，肠腔内出现积气，此时不宜马上进食。而排气则表明肠功能开始恢复。因此，术后 6 小时内应禁食，待排气后才能进食。

少吃易产气食物

术后新妈妈的肠胃尚在恢复中，应食用一些促进排气的食物，如萝卜汤等，帮助胃肠蠕动，促进大小便通畅。对于黄豆、淀粉类食物应尽量少吃或不吃，以免加重腹胀。

排气之后以流食为主

剖宫产后新妈妈的腹内压强降低，腹肌松弛，胃肠蠕动慢，流食更有助消化吸收。待大量排气后，可改为半流食，如粥、面条等。后续根据新妈妈身体的恢复情况，饮食可慢慢恢复正常。

益母草粥

原料：鲜益母草汁 10 毫升，鲜藕汁 50 毫升，大米 50 克。

做法：

1. 大米淘洗干净，浸泡 2 小时，煮成粥。
2. 待粥熟时，加入鲜益母草汁、鲜藕汁，熬煮片刻即可。

益母草是一种中药材，为妇科经产之要药。把它熬煮成粥对产后出血过多，或者产后子宫收缩不全、子宫脱垂等情况的妈妈十分有益，而且还有不错的美容养颜效果。

宝宝：感受妈妈的温暖

十月怀胎的辛苦和紧张，在宝宝降临的那一刻全部化为幸福。爸爸妈妈除了兴奋与欣慰，日后所面临的最多问题恐怕是照顾新生儿的手足无措。别担心，照顾宝宝没那么难，只要了解了新生宝宝的发育情况，掌握一些护理方法，便可以事半功倍。

多抱抱和抚摸宝宝，让新生儿感觉更安全。

脐带被剪断，正式和妈妈分离

宝宝从子宫内被娩出的那一刻，意味着他脱离了妈妈，作为一个独立的小生命来到这个世界。他出生第一天的第一件事就是被剪断脐带，与妈妈正式分离，随后胎盘也会从妈妈体内娩出，这一刻对宝宝和妈妈都意义重大。

大哭，开始用鼻子呼吸

出生后宝宝的哭声是非常重要的，这意味着他不再依靠脐带获取氧气，而是开始自己呼吸。这时空气会进入宝宝的呼吸系统，如果此时宝宝的呼吸系统里有羊水等废物，医生会帮助取出来。

第一次体检，医生会给宝宝打分

宝宝出生后第一天就会迎来人生的第一次体检，医护人员会测量宝宝的身高和体重，检查宝宝的心率、皮肤状态、呼吸情况、反应能力等，然后详细地记录在宝宝的档案里。

留下一个脚印

宝宝出生第一天，医院会留下宝宝的小脚印，这个脚印是宝宝来到世界上的“第一步”，特别有纪念意义。

一条小包被把新生儿包裹起来，帮助他保温，更让他感觉像是回到妈妈子宫一样。

带上手环

为了避免抱错，宝宝的基本信息统计出来后，医护人员会迅速给宝宝带上手环，作为宝宝的指定“标记”。

寻找妈妈

宝宝出生后，虽然可以睁开眼睛，但看到的东西十分模糊。不过，嗅觉和触觉是很敏感的。为了缓解宝宝的恐惧，可以在医护人员处理好之后，把他放在妈妈的身旁，让宝宝闻到熟悉的气味，感受妈妈的温暖。

宝宝出生 30 分钟后，就可以进行哺乳了。尽早哺乳不仅能强化宝宝的吮吸能力，在妈妈怀中的温暖还能给宝宝增添安全感。

给新生儿保暖

注意不要让宝宝吹到凉风，宝宝脱离了羊水，会感到很冷，所以出生后要用小被裹起来。但注意不要裹得太紧，否则宝宝会很不舒服。

爸爸需要做的

赞美妈妈和学习照顾宝宝

刚分娩完的妈妈是十分脆弱的，身体的疲累和照顾新宝宝的责任会让妈妈感到心情紧张。这时候爸爸要格外注重新妈妈的情绪，多体谅，多照顾她的生活起居，不能因重视宝宝而忽略了妈妈。

妈妈：分泌乳汁

产后新妈妈会发现自己的乳头分泌少量淡黄色的黏稠液体，这就是初乳，里面含有大量抗体和对宝宝健康有益的物质，是宝宝出生后的优质食物。

建立良好母婴关系

一般来说，当新生儿脐带处理好后，妈妈就可以尝试给宝宝哺乳了。有的妈妈此时乳汁并不多，但没有关系，让宝宝尽早吃上母乳不仅对宝宝发育有帮助，也可以让宝宝获得安全感，从而与妈妈建立更亲密的母婴关系。

促进分泌乳汁

宝宝吸吮妈妈的乳头是最好的开奶按摩，给宝宝哺乳的行为可对妈妈大脑形成良性刺激，增强乳汁分泌的信号，让妈妈体内产生更多的催产素和泌乳素，前者增强子宫收缩，后者可刺激乳腺，促进乳汁分泌。

初乳提升宝宝免疫力

初乳的颜色偏淡黄，质地略黏稠，很多妈妈因此不放心给宝宝食用。其实这正是初乳的特点，妈妈丝毫不必为此担心。初乳比普通乳汁营养更丰富，含有大量抗体，可减少病菌对宝宝的伤害，提升宝宝免疫力。

帮助妈妈活动身体

顺产的妈妈身体恢复较快，产后 12 小时左右就可以下床进行轻微活动，第二天可以在室内或走廊走一走。妈妈下床时，爸爸一定要陪护在侧，一旦妈妈出现低血压或贫血的症状，要马上送她回到床上休息，若症状严重则要及时通知医生。剖宫产妈妈产后 24 小时内要卧床休息，其间可以简单地翻翻身、交替下卧位，爸爸要主动协助妈妈翻身，并关注她的身体状况。

宝宝：自主睡觉

新手爸妈常因喜爱宝宝而将其一直抱在怀里。但如果宝宝在爸爸妈妈怀中睡着了，就应该把宝宝放下来，让宝宝逐渐适应自己睡觉这种方式。否则形成习惯后，宝宝会对抱着睡觉养成依赖。

排胎便

新生儿在出生后 10 小时之内都会排胎便。此时的胎便是由脱落的肠黏膜上皮细胞、吞咽的羊水、胎毛和红细胞中血红蛋白的分解产物等构成，颜色一般呈墨绿色或黑色。宝宝吃母乳后，胎便的颜色会逐渐变黄，直到全部排出为止。

呼吸不规则

大部分新妈妈会对新生儿呼吸不均匀感到不安，这其实是新生儿特有的现象。此时宝宝的呼吸一般较浅且没有规律，还可能出现忽快忽慢的现象。初生宝宝基本上每分钟呼吸 40 次左右，一周以后呼吸频率每分钟达到 60 次左右。

睡意加重

很多妈妈会对新生儿一直在睡觉感到疑惑。其实，睡眠是新生儿生活中最重要的一部分，尤其是刚出生的前几天，只有饿了想吃奶的时候才会醒过来哭闹一会儿。随着月龄增加，宝宝清醒的时间会越来越长。

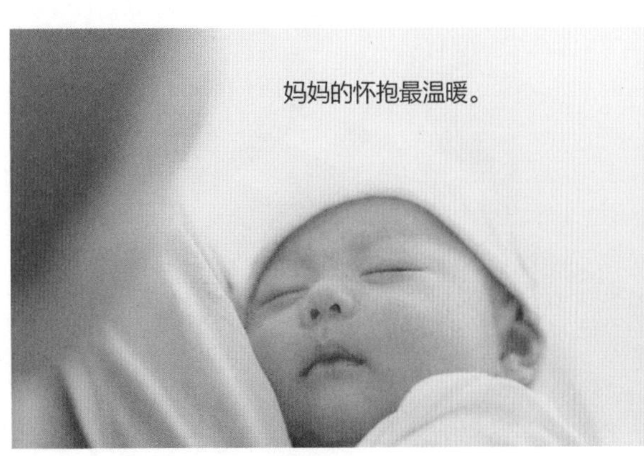

妈妈的怀抱最温暖。

新生儿第一天都在睡觉吗

刚出生的宝宝每天需要睡 20 个小时左右，所以妈妈不必为宝宝几乎一整天都在睡觉而过分担忧。但同时也要注意观察宝宝是否有不吃、不哭、少动的现象，如果出现异常要及时通知医护人员。

一般而言，宝宝第一个月每天睡 20~22 个小时，但要按时叫醒宝宝给他喂奶。因为新生儿出生以后会根据外界条件进行自身的适应和调整，按时喝奶，有助于宝宝以后养成规律。

月子餐

鲜香菌菇汤

这道营养丰富、味道鲜香、易消化的菌菇汤，含有丰富的微量元素，可温中补气、养胃健脾，特别适合刚生产后体虚、没有食欲的新妈妈。

原料：杏鲍菇 1 个，香菇 4 个，平菇 50 克，姜片、盐、油各适量。

做法：

1. 杏鲍菇洗净，切片；香菇洗净、去蒂，切片；平菇洗净，撕成片。
2. 锅中倒油，烧热后放入姜片爆香，把所有蘑菇片一同倒入锅内，快速翻炒至菌菇出水。
3. 将所有原料倒入砂锅中，加入开水煮至沸腾，沸腾以后转小火煲 30 分钟。
4. 出锅前加盐调味即可。

黄瓜皮蛋汤

原料：黄瓜半根，皮蛋 1 个，葱花、盐各适量。

做法：

1. 黄瓜洗净，切成薄片；皮蛋去壳、切成块。
2. 锅中放水烧开后，把黄瓜片、皮蛋一同放入，炖煮 5 分钟。
3. 出锅前放盐调味，撒上葱花即可。

山药粥

原料：大米 50 克，山药 30 克，白糖适量。

做法：

1. 大米洗净，用清水浸泡 30 分钟；山药洗净，削皮后切块。
2. 锅内加入清水，将山药放入锅中，加入大米，同煮成粥。
3. 待大米绵软，再加适量白糖调味，煮片刻即可。

红枣莲子糯米粥

原料：糯米 50 克，红枣 6 个，莲子 10 克，红糖适量。

做法：

1. 糯米洗净，提前用清水浸泡 2 小时。
2. 红枣洗净，去枣核；莲子洗净。
3. 将糯米、莲子一起放入砂锅，加适量水，先以大火煮沸，再转小火煮 30 分钟。
4. 加入红枣继续熬煮 10 分钟，加入适量红糖即可。

妈妈：乳房逐渐充盈起来

产后尽早吃到妈妈的乳汁，能让宝宝有安全感，更容易适应新环境。母乳中所含的营养物质能满足宝宝成长需求，是宝宝最好的食物。

涨奶怎么处理

从产后第3天开始，部分妈妈可能会发生涨奶现象，主要表现为胸部胀痛，乳房发热变硬，有些乳房部位凹陷等。如果乳汁分泌过多，而宝宝的需求不大，可将过多的乳汁用吸奶器吸出。长久涨奶而又不及时吸出，可能会堵塞乳腺，造成乳腺炎。

哺乳姿势

正确的哺乳姿势有利于妈妈的产后恢复，也有益于乳汁的分泌。常见的哺乳姿势有摇篮式、侧卧式、橄榄球抱式、交叉摇篮式等。不同的妈妈喜欢的哺乳姿势不一样，可以尝试找到让双方都舒适的姿势，建立完美和谐的哺乳关系。

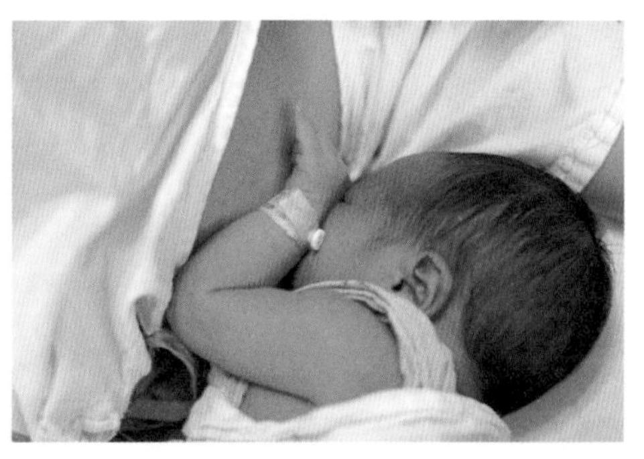

穿哺乳胸罩益处多

月子里佩戴专业的哺乳胸罩有利于保护妈妈的乳房。哺乳胸罩一方面可以保持胸部不容易下垂，起到支撑和扶托乳房的作用；另一方面，刚刚开始哺乳的妈妈乳头很脆弱，宝宝吮吸时会产生疼痛感，胸罩能够保护乳头避免摩擦，免受二次伤害。

警惕哺乳期乳腺炎

妈妈在哺乳期乳房非常脆弱，尤其是初期，要好好护理。在遇到涨奶问题时，首先提倡让宝宝来吮吸，然后借助吸奶器排出。如果这两种方法都无法缓解涨奶疼痛，可请专业的按摩师按摩。

如果不及时将乳汁排出，可能引起乳汁淤积，而导致乳腺炎症出现，这时会导致胸部持续胀痛，同时还可摸到明显的硬块。严重时还可能引起体温升高。

宝宝：皮肤变黄，出现黄疸

新生儿出生几天后，细心的妈妈会发现宝宝的小脸变黄了，而后身体也跟着逐渐变黄。不用担心，这是大多数宝宝都会出现的正常现象，叫“新生儿黄疸”。一般而言，黄疸在一两周内可自行消退。

生理性黄疸

黄疸发生时，宝宝整个身体都慢慢变黄，这是由于新生儿出生后血清胆红素变化而导致的正常现象。通常，黄疸出现的时间是出生后的第二三天，可在4~6 天达到高峰。一般生理性的轻度黄疸不需要治疗，可自行消退。足月的新生儿一般在出生后 7~10 天黄疸消退，最迟不超过出生后两周。早产儿可延迟至出生后三四周消退。

除了黄疸症状以外，个别宝宝会出现轻微的食欲减退现象，但不会出现其他症状。宝宝的精神状态，吃、喝、睡眠基本属于正常。对生理性黄疸的新生儿，建议加强母乳喂养，不需做特殊处理。

病理性黄疸

如果新生儿黄疸症状出现过早，症状发展较快，持续时间长，除了黄疸症状外还伴有精神萎靡、嗜睡、吮乳困难、惊恐不安、四肢强直或抽搐等症状，则要考虑是否为病理性黄疸。如果黄疸症状消退之后，再次反复出现，要考虑发生病理性黄疸的可能，应及时就医治疗。

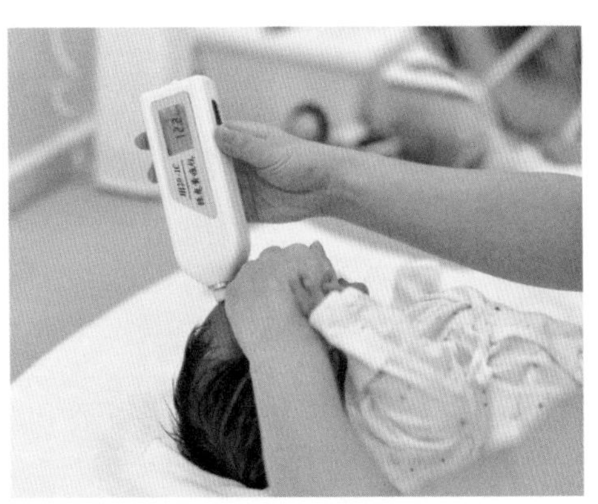

正确看待宝宝黄疸

生理性黄疸是指母乳喂养过程中，出现宝宝皮肤慢慢变黄，久久不退的现象。但除皮肤变黄外，并没有其他不好的症状，宝宝在吃奶、睡觉、精神方面都很好，这通常是母乳喂养引起的生理性黄疸。为了确保宝宝的健康，可到医院化验，胆红素在正常范围内且无其他病因，便不需过度担心。母乳导致的生理性黄疸不会影响宝宝的健康，妈妈可放心大胆喂养。

月子餐

芹菜炒牛肉

牛肉富含优质蛋白质，具有强体补虚的功效。芹菜味道清香、口感甜脆，能增强食欲；牛肉含有的铁元素，可以改善产后妈妈缺铁性贫血的状况。

原料：牛肉 100 克，芹菜 150 克，酱油、料酒、葱段、姜片、盐、油各适量。

做法：

1. 牛肉洗净、切薄片，加料酒、酱油、葱段、姜片腌制 10 分钟。
2. 芹菜洗净，切段。
3. 锅内放油，油热后加入葱段、姜片煸炒出香味，放入腌好的牛肉炒至断生。
4. 加入芹菜段，放入牛肉片，大火翻炒。
5. 出锅前加盐调味即可。

胡萝卜小米粥

原料：胡萝卜、小米各 50 克。

做法：

1. 胡萝卜洗净，切成小块；小米用清水洗净。
2. 将胡萝卜和小米放入锅中，加入清水，大火烧开，小火慢熬至小米开花、胡萝卜软烂即可。

黑米饭

原料：黑米 100 克，红枣 6 个，葡萄干适量。

做法：

1. 黑米淘好，浸泡 30 分钟；红枣、葡萄干洗净。
2. 泡米水和黑米、红枣、葡萄干一同倒入电饭锅内，煮熟即可。

海带紫菜汤

原料：鲜海带 50 克，紫菜 5 克，香油、盐、姜各适量。

做法：

1. 将海带洗净，切丝；姜切丝；紫菜撕碎。
2. 在砂锅里加适量清水，放入海带丝和姜丝煎煮 2 分钟。
3. 加入紫菜，继续煎煮 5 分钟，出锅前调入香油和盐即可。

妈妈：情绪有点低落

生产后体内激素的急剧变化、生活上发生的巨大改变和照顾新生儿的心理压力，可能会影响妈妈的情绪，进而给产后的身体恢复和泌乳带来负面影响。妈妈要注意保持好心情。

产后抑郁

有些妈妈难以适应产后生活，可能会产生莫名的紧张、疑虑、内疚、恐惧等情绪，更有甚者会经常哭泣，容易发怒，情绪低落，食欲不振等。这个时候就要警惕产后抑郁的发生，但是不要过度紧张，不一定所有的坏情绪都是产后抑郁，妈妈要学会自我调节，摸索能够疏解自身情绪的方法。

不良的情绪影响宝宝发育

宝宝跟妈妈是最亲密的关系，如果妈妈的情绪不好，直接影响到的就是宝宝。宝宝能够感知到妈妈的焦躁情绪，从而缺乏安全感。产后抑郁可能造成母婴联结出现问题，母亲肢体接触婴儿的行为和母亲的情绪反应是母婴连接的纽带，也是宝宝成长中很重要的组成部分。

保持好心情，有助于泌乳

休息、营养、情绪等都是妈妈分泌乳汁的关键因素。产后体虚、妈妈情绪低落，都会影响乳汁分泌。所以为了让宝宝有充足的“粮食储备”，妈妈要注意控制情绪，减少由情绪带来的不良影响。可以借助舒缓的音乐来放松心情，适当散步，与家人多沟通，要科学地、积极地看待情绪问题。

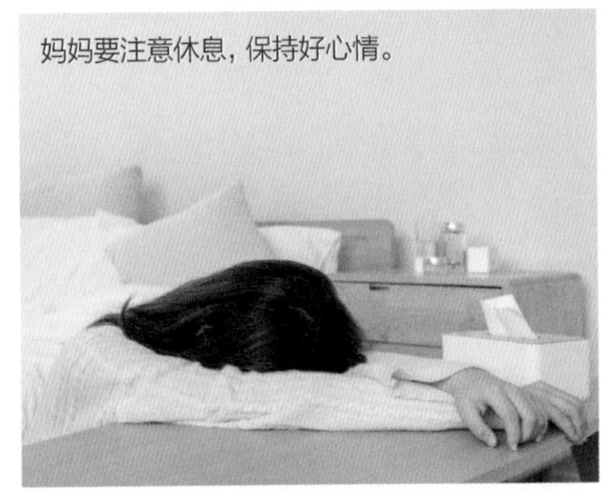
妈妈要注意休息，保持好心情。

帮助妈妈尽快适应角色

月子里妈妈可能脾气较大，爸爸要给予相应的理解，毕竟这个阶段是妈妈刚开始适应做母亲的角色，很多问题困扰着她。哺乳的劳累、产后身体不适等都会影响到妈妈的心情。爸爸应该比平时更体贴地照顾妈妈，维护好妈妈的情绪，帮助妈妈尽快适应母亲的角色。

宝宝：体重小幅下降

小宝宝的体重在出生后会有一个小幅度的下降，之后才开始增长。很多妈妈发现宝宝体重下降会感到慌张，不要担心，只要不是体重突然骤降，都是正常的。随着宝宝的成长，体重增长速度也会加快。

"蹋水膘"是有科学性的

新生儿出生后的两三天，由于胎粪的排出、丧失水分较多等因素，加上吸吮能力弱、吃奶少，会出现暂时性体重下降，甚至比出生时体重还低。临床上称"生理性体重下降"，也就是我们常说的"蹋水膘"，这种现象是正常的，不必担心。

按需哺乳宝宝更健康

刚刚出生不久的新生儿胃容量很小，每次能吸吮的奶量也很少。奶量少加上在胃中停留时间短，自然饿得快，所以，一两小时喂一次奶是正常的。出生后前两周每天哺乳至少 8~12 次是比较科学的。宝宝如果频繁地要吃奶，妈妈也要按照宝宝的需求进行哺乳，宝宝吃饱了才能发育得更好。

怎么判断宝宝是否吃饱

如何判断宝宝是否吃饱其实很简单，如果每次哺乳的时候宝宝吞咽的次数较少，吃完奶之后睡眠时间较短、容易哭闹，很可能是没吃饱的表现。吃饱了的宝宝会显得安静而满足，不容易哭闹。

金牌月嫂经验谈

不要着急混合喂养

母乳是宝宝最好的营养来源。如果宝宝频繁吃不饱或者需求量较大时，可以让宝宝多吮吸妈妈的乳头，妈妈不要因为母乳分泌过少而发愁，因为不良的情绪也会影响母乳分泌。适当增加自身营养，保持良好乐观的心态，相信乳汁慢慢就会多起来。

月子餐

西红柿炒鸡蛋

西红柿是富含维生素的健康蔬菜，其中还含有抗氧化成分，能减缓衰老。酸酸甜甜的西红柿与鸡蛋同炒，不仅味道鲜美，而且能补充优质蛋白质，是月子餐的好选择。

原料：西红柿 1 个，鸡蛋 2 个，葱花、白糖、盐、油各适量。

做法：

1. 西红柿洗净、切块；鸡蛋打散成蛋液。
2. 锅内放入适量油，油热后将鸡蛋液放入锅内翻炒，盛出。
3. 继续往锅内放入适量油，加入西红柿块翻炒至变软，加入炒好的鸡蛋。
4. 放入适量白糖、盐调味，出锅前撒上葱花即可。

鸡肉菠菜面

原料： 面条、鸡肉各 100 克，菠菜 50 克，葱段、姜片、酱油、盐、香油各适量。

做法：

1. 将鸡肉洗净、切丝，用葱段、姜片、酱油腌 10 分钟；菠菜洗净，切段。
2. 锅中放水，下入面条，面条煮至五成熟，放入鸡肉丝，煮至面条熟软。
3. 出锅前将菠菜段放入，再加盐调味，淋入香油即可。

香菇虾肉饺子

原料： 饺子皮 25 个，猪肉末、虾仁各 50 克，香菇 5 个，胡萝卜半根，盐适量。

做法：

1. 胡萝卜洗净、切碎；香菇洗净、切碎；虾仁洗净、切碎。
2. 将肉末、虾仁、香菇、胡萝卜搅拌均匀成饺子馅料，加入适量盐调味，用饺子皮包好。
3. 清水烧开，下入饺子煮熟即可。

海带排骨汤

原料： 排骨 200 克，鲜海带 50 克，姜片、盐、油各适量。

做法：

1. 排骨洗净，用开水焯去血水，沥干；鲜海带洗净，切段。
2. 油锅烧热，放姜片爆香，再放入排骨翻炒至五成熟。
3. 锅中加适量水，没过排骨，放入海带，大火煮开后转小火煮至肉软烂。
4. 出锅前加盐调味即可。

妈妈：准备出院回家

如果产后各方面均恢复良好，顺产妈妈第三天就可回家了，剖宫产的妈妈还需要再住两天。在家有爸爸和家人的时刻陪护，妈妈会比在医院更加舒适方便。

认真听医嘱

在出院之前，认真地记下医生和护士的嘱咐。记下喂奶时间、产后伤口护理、产后洗澡、乳房护理等注意事项，还有妈妈的药品该如何服用等。同时还要记录下次产后检查的日期，如出院后缝合手术部位的检查、拆线时间（也有不拆线的）。最好用笔记录，以免过后忘了有哪些内容。

注意保暖

很多妈妈都知道月子期间要避免受寒，但是往往忽略了出院这一天。刚刚出产房一定要做好充足的保暖准备，产后刚接触外界环境，很容易因受寒而生病。产后前几天很容易出汗导致衣物潮湿，所以出院前一定要换上干爽的衣物，将头部和脚踝保护好。还要注意的是，车内尽量不要开空调直吹妈妈。

提前准备好月子房

在出院之前最好先把月子房准备好，这样妈妈一回到家中就可以在舒适的环境中休息。月子房最好有充足的阳光。暖洋洋的阳光照射进来，能够让妈妈心情愉悦，对于产后虚弱的妈妈而言也不会产生心理上的寒冷感。其次，月子房的温度和湿度要适宜，可根据南北方天气及月份来自己把握，冬季室温保持在 20~25℃；夏季室温保持在 25~27℃，必要时可在家中放置测量温度和湿度的仪器。

办理出院手续，学习护理细节

爸爸可以在出院前一天晚上或者当天早上问清楚出院的相关细节，打好提前量以保证在办理出院时相对快速，没有细节方面的遗漏。

妈妈跟宝宝回家后，离开了医生和护士的专业护理，这时候就需要爸爸来帮忙了。爸爸需要帮助妈妈对宝宝进行一些力所能及的细节护理，比如脐带护理、给宝宝做抚触等。

宝宝：跟妈妈一起回家

如果宝宝各项发育指标良好，就可以跟妈妈一起出院了。这个小生命终于要正式进入自己的家庭了！

留意出院后打疫苗的时间

办理出院手续时，记得将证件带齐，要记住小宝宝下次打疫苗的时间，不要错过。另外，可以跟护士请教一些新生儿护理的方法及常见问题，以便日后护理宝宝。

注意不要吹风

宝宝离开妈妈的子宫初期，比较娇嫩。所以出院的时候，要对宝宝进行妥当的防护措施。给宝宝准备小帽子和小鞋袜，在室内穿戴好衣帽，出门时再用小包被包好，如果出院的时候赶上风特别大的天气，可以准备一个能挡风的提篮，这样更方便。

避免过多探望

宝宝刚出院后，尽量减少亲戚、朋友的探望与接触。小生命的诞生是一件喜事，亲朋好友自然都会来道喜，来看看小家伙。但人来人往也会打扰到宝宝和妈妈的休息，也有可能会带来一些细菌，给妈妈和宝宝带来健康隐患。另外，家人在外出回来后如果要抱宝宝，需要洗净双手并更换外衣。

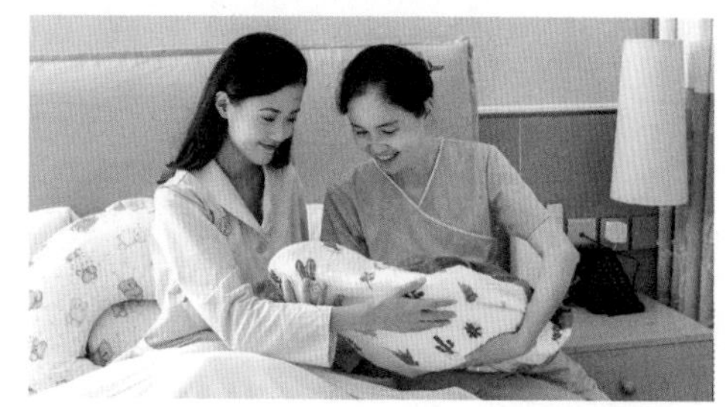

月子房要适当通风

不要曲解月子房不能见风的意思。月子房是可以通风的，所谓的不能见风，是怕风直接吹到妈妈和宝宝。月子房要保持室内空气新鲜，空气流通。由于妈妈产后大量出汗，加上分娩时体力消耗较大，所以身体抵抗力较低，要避免直接被风吹到。可以请妈妈和宝宝先离开房间，再开窗通风，待关窗后妈妈和宝宝再回到房间。房间保持温度适宜，这样才能保证身体正常排汗，又不会着凉。

月子餐

红枣阿胶羹

红枣阿胶粥香甜可口，红枣跟阿胶都有补气养血的作用，放在一起煮有益气固本、养血止血的作用，可用于防治产后气虚、恶露不尽，神倦无力。这款汤羹对于气虚且肠胃不好的妈妈非常适合。

原料：阿胶 10 克，红枣、桂圆各 6 个。

做法：

1. 阿胶捣碎，放在小碗里，加一点水，上锅大火蒸 8 分钟。
2. 红枣洗净；桂圆去壳。
3. 锅中加入清水，倒入红枣、桂圆和蒸好的阿胶，一起煮 10 分钟即可。

鲢鱼丝瓜汤

原料： 鲢鱼 1 条，丝瓜 100 克，葱段、姜片、白糖、盐、料酒、香菜末各适量。

做法：

1. 鲢鱼收拾干净，洗净，切段；丝瓜去皮，洗净，切条。
2. 鲢鱼段放入锅中，加料酒、白糖、姜片、葱段后，注入清水，开大火煮沸。
3. 转小火炖 10 分钟，再加入丝瓜条，煮熟后加盐调味，出锅前撒上香菜末即可。

麻油炒猪肝

原料： 鲜猪肝 100 克，姜、香油、盐各适量。

做法：

1. 将鲜猪肝洗净，切薄片；姜切片。
2. 锅内倒入香油，待油热后，放入姜片爆香。
3. 放入猪肝片，翻炒至猪肝变色熟透，出锅前加盐调味即可。

小米南瓜饭

原料： 小米 50 克，南瓜 100 克。

做法：

1. 小米洗净；南瓜去皮、去子、洗净，切小块。
2. 将小米和南瓜一同倒入电饭煲中，按煮饭键，煮熟即可。

妈妈：产后伤口渐渐愈合

妈妈产后要注意伤口的护理，保持身体洁净，提防感染；此外要保证轻度合理的活动量，避免大幅度肢体动作，平时可以适度按摩伤口，减轻伤疤的生成。

顺产妈妈侧切护理

很多顺产妈妈都会做侧切，由于会阴的位置不利于伤口的愈合，所以在产后会阴护理上要特别注意，每天保持清洁，并观察伤口的愈合情况。小便后要及时清洁，最好用温开水清洗外阴。注意保持会阴的干燥清爽，以免滋生细菌造成感染。如果发现红肿、瘙痒的症状，一定要及时就医，配合药物治疗。

剖宫产妈妈的刀口护理

剖宫产妈妈一定要时刻注意自己腹部的伤口。在咳嗽、转身时腹部都会跟着用力，很有可能对伤口产生二次伤害。所以在做任何大动作之前都要考虑是否会影响伤口，导致缝线断裂，并时刻观察伤口的愈合情况。家人或者月嫂可以给妈妈进行轻柔按摩，可以促进子宫、阴道内的残血排除，但不要离伤口过近。

适当活动身体

顺产时做了会阴侧切的妈妈在下地活动时，走路的幅度不要过大，避免做下蹲等用力的动作导致伤口裂开。在上床跟下床的时候也要时刻记住有伤口，慢慢挪动来完成上下床的动作。剖宫产的妈妈则要注意不要做太过于伸展的动作，从床上坐起来的时候要让人慢慢将自己扶起，以免触痛腹部伤口。

帮助妈妈完成日常护理

由于妈妈产后身体虚弱，没办法完成大幅度的动作，所以在清洁伤口时难免会有困扰，爸爸可以帮助妈妈清洁伤口。有些伤口较大，需要借助烤电等设备来辅助愈合，爸爸要按时帮助妈妈进行治疗。

在妈妈下床活动时，爸爸尽量陪着妈妈，以防产后虚弱造成暂时性昏厥导致摔倒，让伤口再次裂开。

宝宝：用哭声表达一切

对于不会说话的小宝宝来说，哭声是主要的表达途径。随着时间的推移，宝宝各方面的需求都在逐步增加。在妈妈适应宝宝的同时，宝宝也在为适应新环境而努力。随之而来的哭闹次数增加，是宝宝在表达是否舒适而发出的信号。

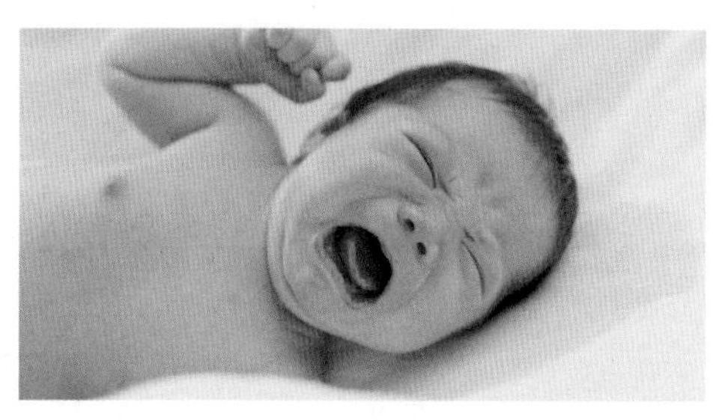

宝宝的哭声：饥饿

当宝宝的哭声很洪亮，头来回活动，如果将手指触及他的面颊或嘴边，宝宝跟着活动并做出吮吸的动作时，宝宝很可能是饿了。如果这种情况出现时妈妈刚哺乳没多久，还没到下一次的哺乳时间，那么妈妈就要考虑是不是宝宝的食量增加了，需要调整哺乳时间或者哺乳量。

宝宝的哭声：环境不适

如果宝宝的哭声不大，并来回扭动，两条小腿一个劲儿地蹬被，妈妈就要看一下是不是宝宝所处的环境不舒服了，比如尿湿了、排便了、温度不适应了等。另外，妈妈需要特别注意的是被子、床单等的线头不要缠住宝宝的小手小脚。提前检查被子、床单是否有多余线头，剪掉后再给宝宝盖。

宝宝的哭声：生病

如果宝宝不停地哭闹，哺乳与改变外在环境等方法都无法让宝宝停止哭闹，那么就要考虑宝宝是否生病了。一般宝宝生病时都会哭闹不止并伴有身体上的症状。比如身体发热、面部发青、呕吐、精神萎靡等，这时就要尽早带宝宝去医院，不要自己在家随意判断病因，以免耽误病情。

不要一哭就哺乳

很多妈妈听到宝宝哭闹时的第一反应就是宝宝饿了，马上就要哺乳。这种做法是不正确的。要弄清楚宝宝哭的原因，除了饥饿，很多原因也会让宝宝哭闹，如需要抚慰、环境过冷或过热、生理排泄、蚊虫叮咬、疼痛、疾病等，这时可以尝试抱起宝宝，安抚一下，检查是什么原因造成的哭闹。

月子餐

菌菇鸡汤

鸡汤的营养价值较高，在熬制过程中，鸡肉的营养成分会有一部分融入汤里，鲜美可口的鸡汤可以促进妈妈身体的康复，增强免疫力。喝温热的汤水对脾胃也是比较好的，可以起到养胃和胃的作用，对于月子里的妈妈来说是很补的一道菜品。

原料：土鸡 1 只，干茶树菇 30 克，葱、姜、盐各适量。

做法：

1. 将茶树菇洗净，去蒂、洗净，用清水泡约 3 小时；葱切段；姜切片。
2. 土鸡洗净，剁成块，用开水汆烫，去除血水。
3. 将土鸡放入砂锅内，加清水，放入葱段、姜片、茶树菇，大火煮到沸腾。
4. 改用小火慢炖至鸡肉软烂，出锅前加盐调味即可。

五谷杂粮粥

原料：花生仁、红小豆、薏米、莲子、红糖各适量。

做法：

1. 花生仁、红小豆、薏米、莲子洗净，浸泡 30 分钟。
2. 锅内加入花生仁、红小豆、薏米、莲子，倒入清水，加入红糖搅拌均匀，大火烧开后改为小火，煮 1 小时即可。

糯米桂圆粥

原料：糯米 50 克，桂圆 4 个，枸杞子、红枣各适量。

做法：

1. 糯米洗净，用清水浸泡 1 小时；桂圆取桂圆肉。
2. 将糯米、桂圆一起倒入锅中，再加清水，大火煮沸后转小火煮 30 分钟。
3. 倒入枸杞子、红枣，再煮 10 分钟即可。

秋葵蒸鸡蛋

原料：鸡蛋 2 个，秋葵 1 个。

做法：

1. 鸡蛋打散成蛋液，滤去浮沫。
2. 秋葵洗净，切成片，放入蛋液中。
3. 蒸锅中加水烧热后，把秋葵蛋液放入锅中，蒸 8 分钟即可。

妈妈：正确休息很重要

妈妈产后需要一个相对安静的环境进行休息。产后很多妈妈都非常爱出汗，这是正常现象，现在最需要的就是休息，促进身体恢复。

少抱宝宝多休息

妈妈在哺乳后，尽量不要抱着宝宝睡。哺乳过后，将宝宝抱走，让他在自己的婴儿床上睡。对于宝宝来说，要尽量避免让他养成抱睡的习惯。产后妈妈的腰部会有不适，剖宫产妈妈腹部还有伤口，所以短期之内不要总抱宝宝，以免影响恢复。

安寝入眠，元气才能满满。

调整合适的睡姿

休息时，妈妈一定要注意躺卧姿势。由于产后前几天韧带、盆底肌等并没有恢复，而子宫会迅速回缩，子宫在盆腔内的活动范围相对较大，如果长时间朝向一侧休息会导致子宫向一侧倾倒，同理也不能一直保持仰卧的睡姿。正确的睡姿是仰卧与侧卧交替进行。

不要睡过软的床

由于生产后妈妈的骨盆并没有完全恢复如初，它的稳固性相对较差，处于一种“松弛”的状态。如果床铺过于柔软，睡觉的时候完成翻身的动作会相对用力，而用力不当会导致耻骨分离，造成痛苦。所以还是建议产后妈妈睡的床不过软也不过硬，否则会影响睡眠质量。

帮助妈妈完成翻身、下床等动作

这一时期，爸爸可以帮助妈妈在床上完成翻身、挪动位置等动作。在宝宝需要哺乳的时候帮助妈妈把宝宝抱过来，减少妈妈的活动幅度。在妈妈坐起来休息的时候尽量帮她调整到舒适的姿势，可用抱枕或枕头放在后背靠着，以免后背着凉。随着妈妈身体的恢复，后续爸爸可以根据实际情况，看看是否要帮助妈妈在床上进行简单运动，活动筋骨。

宝宝：小脐带需要精心呵护

在妈妈肚子里的时候，胎宝宝生长发育所需的营养物质都是由脐带运输的。出生后，宝宝被切断了脐带，成为一个小小的独立个体。后续几天内，脐带护理对宝宝健康很重要。一般情况下，脐带会在一到两周自行脱落。

脐带何时护理

一般情况下，宝宝的脐带会慢慢变黑、变硬，一两周内脱落。如果宝宝的脐带两周后仍未脱落，要仔细观察脐带的情况，只要没有感染迹象，如没有红肿或化脓，没有大量液体从脐窝中渗出，就不用担心。

脐带如何护理

在护理脐带部位时一定要洗手，避免手上的细菌感染宝宝脐部。脐带未脱落之前，不要沾水，保持脐带及其周围皮肤干燥清洁，特别要注意的是避免尿液或粪便沾污脐部创面。可以每天用碘伏或 75% 的酒精棉签擦拭两遍，早晚各一次，擦拭过程中尽可能地保持轻柔。

护脐贴的神奇妙用

如果新生儿身体有接触水的需求，可以在碰水之前贴一个护脐贴。护脐贴有防水、轻薄、透气、防菌等功效，在使用时也要注意方法，在护脐贴使用前，妈妈应该先用碘伏给脐部消毒，在保持脐部干燥的情况下贴上护脐贴。

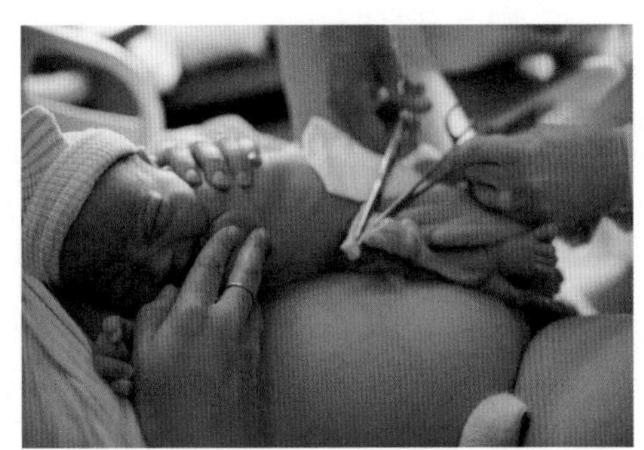

脐带脱落之前可以洗澡

在脐带脱落之前宝宝可以洗澡，但要注意尽量不要整个身体都泡在水里，可以对宝宝进行简单的擦拭清洁。为了防止沾水，可以在洗之前贴一个护脐贴。另外，还要注意纸尿裤的边缘不要经常在肚脐附近摩擦，这样会对还未长好的肚脐造成一定伤害，甚至引发感染发炎。

月子餐

玉米排骨汤

玉米是粗粮中的保健佳品，含有维生素 B_6、烟酸、膳食纤维等成分，具有促进胃肠蠕动、防治便秘、健脾益胃、防癌抗癌的作用。排骨有滋阴润燥的功效，适宜于产后气血不足的妈妈食用。

原料：玉米 1 根，排骨 300 克，葱、姜、盐、油各适量。

做法：

1. 排骨洗净、切成块，用开水焯一下，沥干。
2. 玉米洗净，切段；葱切段；姜切片。
3. 锅里倒油，放入葱段、姜片爆香，倒入排骨块炒至变色。
4. 加清水，放入玉米段，大火煮沸后转小火煮 1 小时。
5. 出锅前加入盐调味即可。

莴笋干贝汤

原料：莴笋 100 克，干贝 10 克，姜片、葱段、盐、油各适量。

做法：

1. 莴笋洗净，去皮，切段；莴笋叶洗净，切段；干贝泡发。
2. 锅内油烧热，放姜片、葱段稍煸炒出香味，放入莴笋段，大火炒至断生。
3. 再将莴笋叶、干贝放入，加适量水，大火煮至熟透。
4. 出锅前加盐调味即可。

木瓜牛奶露

原料：木瓜半个，牛奶 250 毫升，冰糖适量。

做法：

1. 将木瓜洗净、去皮，切成小块。
2. 将木瓜、牛奶和冰糖放入榨汁机中，榨成汁即可。

胡萝卜炖猪蹄

原料：胡萝卜 1 根，猪蹄 1 个，海带、姜片、葱段、料酒、盐各适量。

做法：

1. 猪蹄收拾干净，放入热水锅中焯一下，捞出；胡萝卜洗净，切成段；海带切丝。
2. 砂锅里放入足量的清水，放入猪蹄、姜片、葱段，开大火烧开后舀出浮沫，转小火慢炖 1 小时。
3. 加入料酒、胡萝卜块、海带，继续炖半小时。
4. 出锅前加入盐调味即可。

滋补调养阶段

经过一周的短暂休息与调整，妈妈的体力有所恢复。从医院回到家中坐月子，虽暂时远离了医护人员的专业指导，但一样可以科学有效地度过这段特殊时期。

在家中，居室环境更温馨舒适，饮食上也可更大限度地满足胃口。家人也有更多时间陪同在侧，还可以让家中有科学育儿经验的老人协助照顾宝宝，这些有利条件都能帮助妈妈度过一个舒心、健康的月子。

妈妈：远离产后失眠

妈妈身体恢复进程中产生的不适感、宝宝哺乳次数的增多、产后焦躁的情绪及疲惫感等，都可直接导致睡眠质量下降。

自我调适，保持好心情

睡眠对任何人都很重要，尤其是身体处于恢复期的妈妈，如何预防产后失眠是月子里需要注意的问题。容易失眠的妈妈可以在睡前尝试看看书、听听音乐、给自己做做按摩、敷一片面膜，这些都是可使身心放松的方法。

每天最少 8 小时睡眠

产后妈妈身体比较虚弱，需要充足的睡眠来恢复精力，长期睡眠不足不利于身体恢复。由于激素原因，妈妈产后情绪相对不稳定，如果此时不能得到良好的休息，往往会加重烦躁抑郁的情绪。所以建议妈妈每天尽量保证最少 8 小时的睡眠，为自己充电。

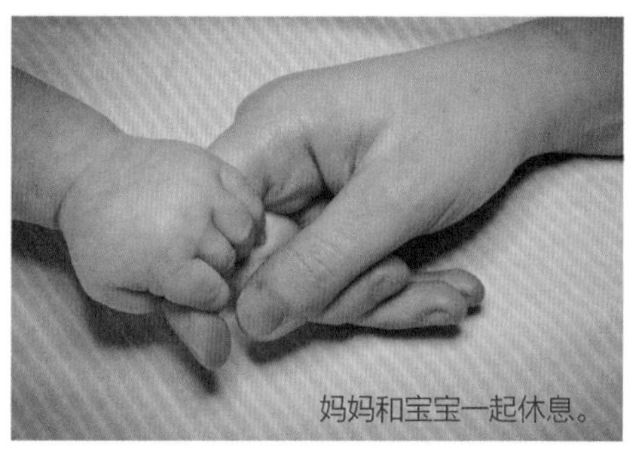
妈妈和宝宝一起休息。

可以跟宝宝的睡眠时间同步

宝宝刚出生的这段日子大多数时间是在睡觉，这种情况下，妈妈想要保证每天 8 小时的睡眠还是有办法做到的，只需要根据宝宝的作息时间来调整自己的作息时间即可。在宝宝入睡的时候，不管什么时间，躺下来和宝宝一起休息，放松心情，试着入睡，即便睡不着，闭着眼睛躺一会儿也对恢复精力有好处。

帮助妈妈疏解情绪

如果宝宝只是需要抚慰而不是需要哺乳，爸爸可以照看宝宝，让妈妈多休息一下。并且，爸爸主动承担照顾宝宝的责任也会让妈妈倍感欣慰，减少因角色转换产生的焦躁情绪。睡眠环境同样很重要，爸爸可以为妈妈营造有利于睡眠的月子环境，比如晚间将其他的灯都关掉，只留下方便照顾宝宝的小壁灯，灯光方面建议选择暖色调。

宝宝：不科学的育儿法可能伤到我

宝宝降生之后，随之而来的就是育儿新老观念的冲撞。一些老一辈的经验习俗缺少科学依据，存在误区。爸爸妈妈要加强科学育儿方法的学习，以免踩雷。

月子绑腿

老的习俗认为新生儿月子里绑腿，长大双腿就会笔直，这种做法是错误的。腿被绑上了，宝宝不能自如活动，很多时候会感到不舒服，这无疑是不利于宝宝骨骼生长的。其实腿直不直与先天遗传跟后天营养与习惯等诸多方面有关系，跟月子里绑不绑腿没关系。

挤乳头

挤奶头的行为可能会伤害到女宝宝的乳头，甚至有可能破坏乳腺功能或造成乳头的扭曲，是非常危险的做法。局部的挤压还容易引起皮肤破损，不仅给新生儿带来不必要的痛苦，还容易导致皮肤表面的细菌侵入，造成新生儿乳房红肿热痛，引发乳腺炎。

裹“蜡烛包”

老一辈认为把新生儿像蜡烛一样包裹得紧紧的，会让宝宝睡得更安稳。其实，把宝宝裹得严严实实的会造成宝宝身体不适，只要室内温度跟被子的厚度合适，宝宝一样可以睡得很好。妈妈可以尝试用襁褓或者睡袋来包住宝宝，但是一定要留出足够的活动空间，让宝宝自如地生长。

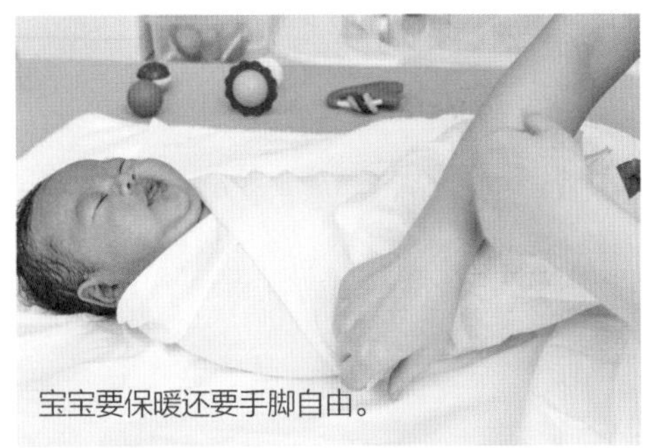

宝宝要保暖还要手脚自由。

金牌月嫂经验谈

科学看待新老育儿理念

很多老旧的育儿经验并不存在科学依据，当时的生活条件有限，所以一些方法在当时是被认同的，但随着科学的发展，妈妈还是要正确育儿。对于月子里如何照顾宝宝，如果和老人产生分歧，可以用温和的话语与老人沟通，相信一定会得到完美的解决。

月子餐

鲈鱼豆腐汤

鲈鱼富含蛋白质、维生素和矿物质，能够补充人体所需的营养元素。豆腐含丰富的钙质并且容易消化。鲈鱼豆腐汤温和滋补，有益气健脾的功效，并且味道鲜美。这一时期，妈妈体力慢慢恢复，可以适当多摄入一些相对温和的滋补食材。

原料：新鲜鲈鱼 1 条，豆腐 200 克，葱、姜、盐、油各适量。

做法：

1. 鲈鱼收拾干净，切段；豆腐切块；葱切段；姜切片。
2. 锅中放油烧热，放入葱段、姜片爆香，再放入鲈鱼煎一下。
3. 锅中加入适量水，大火煮沸后转小火煲 30 分钟。
4. 最后加入豆腐，煮至豆腐入味，加适量盐调味即可。

鲜虾馄饨

原料： 鲜猪肉 150 克，馄饨皮 200 克，虾仁 100 克，盐、淀粉、姜汁、酱油、葱花、香油各适量。

做法：

1. 猪肉绞碎；虾剥壳，去掉虾线，切成小粒。
2. 猪肉碎加入虾仁粒、葱花、盐、酱油、淀粉、姜汁，用筷子向同一个方向搅拌至上劲，包成馄饨。
3. 水开后下馄饨煮熟，盛入碗中，放入香油、葱花即可。

清炒生菜

原料： 生菜 200 克，姜末、蒜末 、生抽、盐、油各适量。

做法：

1. 生菜掰成段，洗净。
2. 锅中放油，把姜末、蒜末放入炒香，加入生菜大火翻炒 2 分钟。
3. 出锅前加入生抽、盐调味即可。

红薯粥

原料： 红薯 100 克，大米 50 克。

做法：

1. 红薯洗净，切块；大米洗净，用清水浸泡 30 分钟。
2. 泡好的大米和水放入锅内，加入红薯块，大火煮沸后转小火继续煮至粥稠即可。

妈妈：适当淋浴很有必要

妈妈产后会大量出汗，导致身体发黏产生不适。产后洗澡一定要快，最好控制在15分钟以内。洗完后一定要擦干身体和头发，立即穿好衣服。

产后要保持身体清洁

产后前几天，妈妈的身体比较虚弱，建议不要冲澡，但可以做适当清洁。在清洁的时候要保持室内温度适宜，水温不要过凉，可用干净的毛巾简单擦拭身体。第二周的时候，身体逐渐恢复，可采取淋浴的方式。洗澡可以帮助妈妈解除分娩疲劳，保持舒畅的心情。如果是剖宫产的妈妈，则要看伤口的恢复情况来决定是否可以洗澡。

洗澡时可以洗头

产后妈妈新陈代谢较快，很容易“大油头”，天热甚至会有气味。如果不洗头，妈妈自己会感到不适，所以只要方法得当是完全可以洗头的。只是动作要相对轻柔，用手指轻轻按摩头皮，不要用香味特别浓重的洗发产品。洗头后不能立马入睡，用干净的毛巾擦干，注意不要吹到风。

不要盆浴

月子里洗澡建议淋浴，不要盆浴。因为盆浴洗澡时，阴道口会接触水，将细菌带入体内，可能导致感染发炎。要提前将室内温度调整至合适后再进入，洗澡的水温以37℃左右或稍热为宜，不要过高或过低，过高的温度会导致身体虚弱的妈妈缺氧，过低的温度容易受凉感冒。洗浴时间不要过长，以5~10分钟为宜。洗澡之前一定要先吃点东西，以免发生低血糖。洗澡后要及时擦干身体，换上干爽的衣物。

可以帮助妈妈洗头发

不管是顺产还是剖宫产，产后妈妈的腰部都会有不适感，如果弯腰洗头会感到酸痛，这个时候爸爸可以帮助妈妈洗头。爸爸还可以在妈妈洗头之后帮她擦干，尽可能在月子里给予妻子温暖的呵护。

宝宝：吃母乳更有益发育

母乳好处多，宝宝及妈妈皆受益。对宝宝而言，母乳营养充足又均衡，很容易被消化和吸收，令肠胃舒适。对妈妈而言，母乳喂养增进感情。当宝宝长大后，妈妈回忆起给宝宝喂母乳的日子，是十分珍贵幸福的。

母乳对宝宝很有益

妈妈的乳汁可增强宝宝抵抗力，减少生病的概率，并提供最完善的营养，因此乳汁十分珍贵。乳汁中含有抗体、丰富的蛋白质、较低的脂肪及宝宝所需的各种酶类、碳水化合物等，这些都是人工喂养没办法完全做到的。

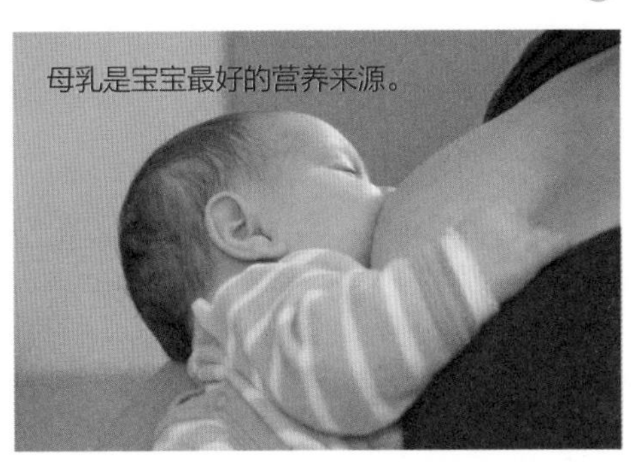
母乳是宝宝最好的营养来源。

引导宝宝正确吮吸母乳

刚开始哺乳，对妈妈和宝宝来说都是一种挑战。妈妈要有意识地引导宝宝吮吸乳汁，引导宝宝正确含乳，这样既能保护妈妈的乳头，又能让宝宝顺利吃上母乳。每次哺乳的时候，尽量让宝宝最大范围含住乳头跟乳晕，这样可以更好地刺激乳腺，也能最大程度让宝宝吃到母乳。如果只是含住乳头前部，不仅会造成妈妈的乳头被吮吸皲裂，宝宝吮吸乳汁也特别费力。

吮吸干净的乳头

哺乳前应用温开水清洗乳头。哺乳结束后，可挤出少量乳汁，均匀地涂抹在乳头上，以保护乳头表皮。妈妈应两侧乳房交替哺乳，以免将来乳房大小不对称，影响体态。

金牌月嫂经验谈

注意乳房不要挡住宝宝鼻子

月子里小宝宝不会翻身，如果哺乳时宝宝边吃边睡，当母婴入睡后，乳房堵塞婴儿口鼻，可发生窒息死亡。所以在哺乳时妈妈一定要注意乳房不要压住宝宝的口鼻，以免造成意外。再者，哺乳过后宝宝仰卧睡眠时，如果发生呕吐，呕吐物流入气管，亦可发生危险。

月子餐

黄豆猪蹄汤

有些妈妈产后乳汁分泌不足，可借助一些下奶的汤水或者菜品来调理。黄豆含有丰富的维生素及蛋白质，有健胃补脾的作用，在乳汁不足时可选择食用。

原料：新鲜猪蹄 1 个，黄豆 50 克，葱、姜、盐各适量。

做法：

1. 猪蹄处理干净，劈成两半；黄豆洗净，最好提前一个晚上泡发；葱切末；姜切片。
2. 砂锅内倒入清水，将猪蹄、黄豆、姜片放入，大火煮沸后转小火炖煮 1 小时。
3. 出锅前加盐调味，撒上葱花即可。

芦笋炒虾仁

原料：鲜虾 10 只，芦笋 150 克，姜、葱、盐、油各适量。

做法：

1. 鲜虾挑去虾线，剥壳，处理干净，洗净；姜切片，葱切段。
2. 芦笋去除老根，切段，放入开水中焯烫，捞出沥干。
3. 油锅烧热，下入葱段、姜片爆香，放入芦笋略翻炒。
4. 再下入虾仁继续翻炒至熟，最后加盐调味。

黄瓜炒腐竹

原料：腐竹 50 克，黄瓜 1 根，盐、油各适量。

做法：

1. 腐竹用水浸泡 4 小时，变软后，切成 2 厘米的条。
2. 黄瓜洗净、切成片。
3. 锅中倒油烧热后，倒入腐竹快速翻炒，炒至断生。
4. 将黄瓜片放入一起翻炒，炒至黄瓜变软，出锅前加盐调味即可。

木耳炒洋葱

原料：木耳 10 克，洋葱 100 克，蒜末、盐、油各适量。

做法：

1. 木耳泡发、洗净，撕成小朵；洋葱洗净、去皮，切薄片。
2. 锅烧热油、放入蒜末爆香，放入洋葱煸炒，再放入木耳翻炒。
3. 烹入少许水，出锅前加适量盐调味即可。

妈妈：恶露减少

产后排恶露是妈妈正常的生理现象，本周妈妈会明显感到恶露减少，身上清爽了不少。不过还要继续观察恶露的颜色、气味、排量等，以便随时掌握子宫恢复的情况。

产后恶露多久排干净

分娩后妈妈都要排恶露，但每人排出的量是不同的，持续排恶露的时间也不同。顺产跟剖宫产的妈妈排恶露的时间也有差异。顺产妈妈产后 4~6 周恶露完全排净，剖宫产一般需要 6~7 周。

恶露的三种形态

血性恶露

恶露的量较多，颜色鲜红，含有大量的血液、小血块和坏死的蜕膜组织，称为血性恶露。血性恶露持续三四天。子宫出血量随着时间推移逐渐减少，浆液增加，转变为浆性恶露。

浆性恶露

浆性恶露中的血液量减少，较多的是坏死的蜕膜、宫颈黏液、阴道分泌物及细菌，呈浅红色的浆液状。浆性恶露持续 10 天左右，随着浆液逐渐减少，白细胞增多，变为白色恶露。

白色恶露

恶露中不再含有血液，但含大量白细胞、退化蜕膜、表皮细胞和细菌，使恶露变得黏稠，色泽较白，为白色恶露。

产后恶露不正常

在分娩后的不同阶段，恶露的性状各有不同，妈妈可以通过不同时期的恶露的性状来观察自己是否有异常现象。如果恶露增多，持续时间延长，则称为“恶露不止”或“恶露不净”。如果恶露伴有臭味，则有可能并发感染，需要及时就医，不要随意在家处理。

仔细留意恶露情况

恶露的状态是妈妈子宫恢复的“晴雨表”，妈妈要在月子期间细心观察所排恶露的颜色、状态和数量，一旦发现恶露带有异味要及时就医。另外，按时给宝宝哺乳，让宝宝多吮吸乳头可以加速促进子宫恢复，有助于排出恶露。

宝宝：自带“神奇能力”

宝宝天生就会吮吸乳头，在触碰宝宝的小手时，他会下意识握紧小手，这些反应是人类天生就具有的。大部分的反射行为出生后的第一年内就消失了，而那些保护人体自身组织的反射，如瞳孔反射、打嗝和打喷嚏等，却不会消失。

踏步反射与掌抓握反射

当宝宝被竖着抱起来、脚掌放在地面时，双腿会做出迈步的反应，这就是踏步反射。

当妈妈轻轻触碰宝宝手掌的时候，宝宝会下意识握住妈妈的手指，这就是掌抓握反射。

仔细观察宝宝的反射活动，如果发现反射活动不正常或迟迟没有，要及时就医。

巴宾斯基反射与摩罗反射

当用手由宝宝的脚跟向前轻划足底外侧缘时，宝宝的拇趾会缓缓地上跷，其余各趾呈扇形张开，然后再蜷曲起来，这就是巴宾斯基反射。

摩罗反射是指当宝宝遇到突然的刺激时会引起全身性的动作，表现出头朝后扬，背稍微有些弓的状态，并常伴有身体的扭动和双臂向两边伸展的反应。

游泳反射

游泳反射又名潜水反射，这是因为妈妈子宫的羊膜腔内充满了羊水，宝宝漂浮在羊水的环境中不由自主地划游，可以说，宝宝游泳的能力与生俱有。把宝宝俯卧在水里，他会用四肢做出协调性很好的类似游泳的动作。6 个月后，此反射逐渐消失。满 6 个月以后，如果再这样把宝宝俯卧放在水里，他会挣扎活动；直到 8 个月以后，宝宝才能有意识地做出游泳动作。

给予妻子更多关心

爸爸不仅要关注宝宝、照顾宝宝，也要抽空多关心妈妈。要知道，角色的转变会带给妈妈很多压力，尤其是身体尚未恢复带来的不适有时会加重妈妈的不良情绪，这时候爸爸的安慰与支持是妈妈内心最大的依靠。

月子餐

黑芝麻米糊

米糊具有补脾、和胃、清肺等功效，也有益气、养阴、润燥的功能。芝麻能够养发，有助于妈妈恢复乌黑亮丽的头发。

原料：大米 50 克，黑芝麻 30 克。

做法：

1. 大米洗净，用温水浸泡 2 小时。
2. 泡好的大米放入搅拌机中，加适量水，搅拌成细腻的米浆。
3. 将芝麻倒入搅拌机中，打成粉末状。
4. 把磨好的米浆和芝麻粉倒入锅中，加入清水，小火慢慢加热，其间用勺子不停搅动，避免煳锅。
5. 待米浆沸腾后，继续煮 2 分钟，盛出即可。

紫菜包饭

原料： 热米饭 200 克，火腿 50 克，鸡蛋 2 个，胡萝卜 100 克，紫菜、寿司醋、白芝麻、盐各适量。

做法：

1. 热米饭放入适量盐、白芝麻、寿司醋，搅匀。
2. 鸡蛋打散，放入平底锅中煎成蛋皮，切成细条。
3. 火腿切丝；胡萝卜洗净，切成条，放在煎锅里煎熟。
4. 米饭中加入火腿丝、鸡蛋皮、胡萝卜条，用紫菜借助寿司帘卷起，切成段即可。

红枣羊肉汤

原料： 羊肉 500 克，当归 20 克，红枣 5 个，姜片、葱段、盐、料酒各适量。

做法：

1. 将当归洗净，切成片。
2. 把羊肉剔去筋膜，放入沸水锅内焯去血水后，洗净，切成块。
3. 砂锅中加入适量的清水，加入当归、羊肉块、姜片、葱段、料酒和红枣，用小火煲 3 小时，出锅前加入盐调味即可。

桂花糯米藕

原料： 莲藕 1 节，糯米 50 克，冰糖、糖桂花各适量。

做法：

1. 莲藕去皮，洗净；糯米洗净，沥干。
2. 切去 莲藕的一头约 3 厘米做盖，将糯米塞入莲藕孔。
3. 将切下的莲藕盖封上，用牙签固定，放入锅中，加水没过莲藕。大火烧开后，转小火煮 30 分钟。
4. 出锅前放入冰糖、糖桂花，取出，切片即可。

妈妈：生活细节需留心

即便妈妈分娩已经将近2周，但对于月子里的生活细节还是要格外注意。因为妈妈的身体还没有完全恢复如初，稍不注意可能落下“月子病”。

穿包脚跟的软底拖鞋

月子里一定要注意足部的保暖，足部着凉会引起腹部不适，所以一定要选择柔软的棉拖鞋，最好是脚跟包起来的那种，这样妈妈的足部就不会受凉，在家行走时，也不会因为拖鞋过硬而造成脚掌疼痛。月子鞋最好选用防滑底，过于光滑的鞋子底部容易导致摔倒。

不要急于大补

许多人认为服用人参有助于妈妈身体恢复，其实急于大补是有害无益的。人参含有的多种有效成分能导致人体产生兴奋作用，反而会消耗精力和体力，会影响产后恢复。产后生殖器官血管多处损伤，人参有促进血液循环的功效，会影响受损血管的自动愈合。

注意养护眼睛

分娩之后，许多妈妈可能遇到眼花、视物不清的状况，甚至还会觉得光线刺眼。不要过度紧张，这是由于产后体内激素变化导致的正常现象。所以妈妈要注意用眼卫生、用眼时间等问题，多多闭目养神，不过度使用手机和电脑，合理膳食。

注意休息，每次看书在30分钟以内。

红糖水不宜服用太长时间

红糖水能够活血化淤，还能够补铁补血，并促进产后恶露排出，确实是产后的补益佳品。尤其是在老一辈的观念中，红糖水被视为极佳的月子饮品。红糖水虽好，但不意味着喝得越多越好，如果喝得时间太长，反而会使恶露血量增多，引起贫血。一般来讲，产后喝红糖水的时间以7~10天为宜。

宝宝：出现溢奶

进入第二周，这时会出现新问题：宝宝吃完奶之后吐奶、溢奶怎么办？会不会导致宝宝营养和能量摄入不足，不利于宝宝的生长发育？其实，多数宝宝都会发生溢奶，学会科学处理就不必过分担心。

溢奶是正常现象

刚出生不久的宝宝胃呈水平位，胃底平直，比较容易溢奶。另外，这个阶段胃和食道连接的贲门括约肌发育较差，较松弛，所以在胃中的奶和水易反流。另外，宝宝胃容量较小，吃奶多了也容易造成溢奶。如果宝宝体重正常增加，没有因溢奶而呛到，溢奶也不过于激烈，妈妈都可放心。

溢奶后处理方法

宝宝溢奶之后要立刻清除口腔及鼻腔内的奶水，再翻转宝宝的身体，使其脸朝下，拍打宝宝背部，使口鼻、气管及肺中奶水能有效咳出来。宝宝大声哭不要担心，哭的动作会大量吸气、吐气，可借以清除呼吸道和口腔中的异物。但溢奶如果异常强烈，要考虑是否胃肠功能异常，要及时就医。

怎样预防溢奶

妈妈要注意及时给宝宝喂奶，特别饿的宝宝吃奶的时候容易过于着急，导致吞咽大量的空气而造成溢奶。妈妈在哺乳时，要采用正确的哺乳姿势，将宝宝抱起处于45°的倾斜状态。哺乳后，不要马上将宝宝放下平躺，最好竖着抱起来，五指弯曲、掌心呈中空状，轻轻拍打宝宝的后背。另外要注意，不要一次让宝宝吃太多。

溢奶后不要马上再次哺乳

当宝宝发生吐奶、溢奶时，短时间内不要再次哺乳。即便要给宝宝补充水分也最好在 30 分钟之后。如果马上补充大量的水，可能会造成二次呕吐。宝宝要是有需求，可以用小勺一点点试探着来。可以尝试每次哺乳量减少，增加哺乳次数、缩短哺乳间隔，以减少溢奶次数。

月子餐

奶油南瓜羹

南瓜含丰富的维生素A,可帮助妈妈养护眼睛。而且南瓜香甜可口,易于消化,有预防便秘的功效。

健脾开胃

预防便秘

原料：南瓜 100 克，大米 30 克，淡奶油 30 克，蜂蜜适量。

做法：

1. 南瓜去皮，去瓤，洗净，切丁；大米洗净。
2. 将南瓜和大米放入破壁机，倒入淡奶油、适量水，搅打成米糊。
3. 将奶油南瓜米糊煮沸，放凉，加入适量蜂蜜调味。

海带蹄花汤

原料： 猪蹄 1 个，鲜海带 50 克，盐、料酒、姜片、葱段、八角、花椒各适量。

做法：

1. 猪蹄洗净，切成块；海带切条。
2. 锅里加足量的水，放入猪蹄、花椒、八角、姜片、葱段、料酒，煮开后撇去浮沫，转中火煮 1 小时。
3. 将海带倒入锅中，再煮 20 分钟，出锅前加盐调味即可。

什蔬饭

原料： 米饭 150 克，鸡蛋 2 个，香菇 3 个，胡萝卜 100 克，葱末、盐、油各适量。

做法：

1. 胡萝卜洗净，切丁；香菇洗净，去蒂，切丁。
2. 鸡蛋打散，油热后下锅翻炒，盛出。
3. 锅内留底油，葱末下锅炒香后，将胡萝卜丁、香菇丁倒入，翻炒至断生。倒入米饭、鸡蛋翻炒均匀，加盐调味即可。

清炒腐竹

原料： 腐竹 50 克，红椒 1 个，菠菜 100 克，盐、油各适量。

做法：

1. 腐竹提前 2 小时泡发，切成段；红椒洗净，切成块；菠菜洗净，切成段。
2. 锅中放油烧热后，把红椒块倒入炒香，加入腐竹段，炒熟。
3. 倒入菠菜段，炒至断生，出锅前加入盐调味即可。

妈妈：预防便秘

产后便秘是一个不容小觑的问题，妈妈产后饮食恢复正常，但大便几日不解，或便时干燥疼痛，不仅给生活带来困扰，还会影响乳汁质量。妈妈要引起重视。

多喝水

分娩之后体质虚弱，妈妈会经常排汗，哺乳也会带走妈妈身体的水分，所以妈妈很容易因缺水导致大便干结。月子里，要多喝温开水，每天大概要补充 1500 毫升左右的温开水，以滋润肠道，预防便秘。另外，要养成良好的排便习惯，有便意的时候马上去厕所。

适量运动

适当的运动有助于恢复肌肉弹性，促进肠道蠕动。顺产妈妈在生产之后就可以适当下床走动。剖宫产的妈妈在术后第二天可以慢慢下床活动。即便长时间不能下床活动，躺在床上也可以做一些动作来锻炼肛门肌肉，预防便秘。

预防产后痔疮

很多妈妈在产后会患上痔疮，而产后便秘会增加痔疮的发生率。妈妈如果排便困难、大便干结，应及时调整饮食结构，多吃香蕉、苹果、绿叶菜、粗粮等富含膳食纤维的食物。在排出困难时，可在肛门适量涂抹凡士林起润滑作用，减少排便难度。

爸爸需要做的

协助妻子如厕

妈妈产后本就容易出现便秘，如果在有便意的时候没有及时如厕会加重这种状况。在妈妈需要如厕的时候，可能因伤口等原因动作不便。爸爸要贴心地帮助妈妈下床，协助妻子及时如厕。并在日常生活中提醒妻子多喝水，促进肠胃蠕动。

宝宝：几乎一整天都在睡觉

很多妈妈会好奇，宝宝除了吃奶，几乎其余时间都在睡觉。其实新生儿在月子里最主要的任务就是睡觉，这是正常现象。良好而充足的睡眠有利于宝宝生长发育。

要睡多久

月子里宝宝每天的任务就是吃奶、睡觉、排泄，吃饱就睡，睡醒就吃。而且睡眠时间较长，一般宝宝会睡18~20个小时，都属于正常范围。等到宝宝长到两三个月时，睡眠时间会相应减少。随着月龄增长，宝宝身体发育良好，睡眠时间也会慢慢缩短。

宝宝睡觉都有哪些姿势

仰卧睡觉对新生儿的内脏，如心脏、胃肠道和膀胱的压迫最少，缺点是溢奶可能会呛到宝宝，长期仰卧还可能导致宝宝的后脑勺扁扁的。侧卧睡觉能让宝宝的肌肉放松，但左侧卧会让宝宝的心脏受到压迫，如果长期侧卧也会让宝宝的头颅形状改变。所以建议宝宝睡姿不要固定，可以仰卧、侧卧轮换着睡。

不要给宝宝用枕头

宝宝脊柱的生理弯曲尚未形成，平躺时，其背部和后脑勺在同一平面上，因此不需要枕头。宝宝的头占全身的比例大，几乎和肩宽相等，侧睡也不需要额外垫高。而且新生宝宝的颈部比较短，头部如果被垫高，容易引起气道阻塞，影响呼吸。

因新生儿胃部呈水平位，适当抬高新生儿头部，可防止溢奶。较好的办法是将新生儿小床床板头侧抬高5~10度。

宝宝睡觉时不要总抱着

爸爸妈妈喜爱宝宝，总是忍不住想要亲近。尤其是宝宝熟睡后，总会不忍心放下宝宝。这是不正确的，总是抱着宝宝睡会增加宝宝日后独自睡觉的难度，养成不良的睡觉习惯，而且以后会越来越不好带，很可能一离开爸爸妈妈的怀抱就醒来哭闹，难以入睡。

月子餐

山药胡萝卜排骨汤

山药开胃健脾，胡萝卜补肝明目，和排骨一起煲汤，不仅营养丰富全面，而且能迅速为妈妈补充体力。

原料：排骨 250 克，山药、胡萝卜各 100 克，姜片、盐各适量。

做法：

1. 排骨洗净，剁块，入沸水焯烫 5 分钟，捞出沥干。
2. 山药、胡萝卜去皮，洗净，切滚刀块。
3. 排骨放入砂锅内，加入姜片，放入适量水没过排骨，大火煮沸后转小火慢炖至八成熟。
4. 放入山药段、胡萝卜煮至熟透，加适量盐调味即可。

红枣枸杞小米粥

原料：小米 100 克，红枣、枸杞子、红糖各适量。

做法：

1. 小米洗净，清水浸泡 30 分钟；红枣洗净，去核。
2. 锅烧热水，放入小米、红枣，煮开后再放枸杞子。
3. 小火熬至黏稠，放适量红糖即可。

蒜香空心菜

原料：空心菜 200 克，蒜、白糖、盐、香油各适量。

做法：

1. 空心菜洗净，切段；蒜切末。
2. 水烧开，放入空心菜焯烫一下，捞出沥干。
3. 将蒜末、白糖、盐放在一个小碗中，浇入烧热的香油，拌成调味汁，将调味汁和空心菜拌匀即可。

猪肚栗子汤

原料：猪肚 200 克，栗子 50 克，姜片、盐各适量。

做法：

1. 猪肚用盐反复搓洗干净，切成块；栗子去皮、洗净。
2. 锅中放水，将猪肚和姜片放入，焯 5 分钟，捞出。
3. 猪肚放入砂锅中，放入适量清水，大火煮开后转小火煲 1 小时。
4. 将栗子仁放入锅中，再煲 30 分钟，出锅前加盐调味即可。

妈妈：悉心养护子宫

第2周，妈妈会感到恶露性状的变化，恶露已经从血性恶露转变为浅红色的浆性恶露，但此时仍是子宫恢复的关键期，不能松懈对子宫恢复的观察。

什么是子宫复旧不全

分娩后，子宫体积明显缩小，胎盘剥离面亦随着子宫的缩小和新生成的内膜生长而得以修复。如果产后6周，子宫仍未能恢复到非孕状态，或者血性恶露持续时间延长，从正常的持续三四天，延长至7~10天，甚至更长，那么就要警惕有可能是子宫复旧不全。

子宫复旧不全的症状

如果血性恶露持续时间延长，血量明显增多，恶露常浑浊或伴有臭味，白带增多，下腹部胀痛，子宫压痛明显，甚至附件区也有不同程度的压痛感，极有可能是子宫复旧不全，要及时就医，以免耽误病情。

预防子宫后倾

月子期间如果总是仰卧休息，会造成子宫后倾。腰部经常受力可能引起腰酸、白带增多等症状，长期仰卧也不利于恶露的排出。妈妈可以时不时地调换休息姿势，侧卧跟仰卧换着来。需要注意的是，也不要长时间侧卧，因为哺乳期妈妈的乳房会变大，长期侧卧可能会压到乳房，造成乳腺炎。

妈妈睡眠时侧躺、仰卧交叉替换。

金牌月嫂经验谈

切记月子期避免性生活

月子期间，一定要切记不要有性生活。妈妈因分娩所造成的伤口处于愈合期，私处和子宫非常脆弱，容易受细菌感染。如果此时进行性生活可能造成子宫内膜炎、附件炎、阴道炎等，严重时并发感染，可能引起败血症，一定要引起重视。

宝宝：适度“亲密”接触

妈妈会发现这段时间宝宝越发水嫩了，黄疸渐渐消失，皮肤变得白白嫩嫩甚是可爱。爸爸妈妈和亲朋好友总忍不住要亲宝宝，但是宝宝还比较娇嫩，免疫系统仍在发育中，所以要保持适度亲密。

尽量不要亲吻宝宝

一看到宝宝胖嘟嘟的样子，相信很多妈妈都情不自禁想要亲上一口。但随意亲吻宝宝是很不卫生的习惯，稍有不慎可能会给宝宝带来病痛。很多呼吸系统和消化系统疾病会通过唾液和飞沫传染，新生宝宝自身免疫力较低，很容易被病毒传染。所以，为了宝宝的健康，家人还是要和宝宝保持适度亲密才对。

不要总捏宝宝的脸蛋

看到宝宝圆圆的脸蛋、清澈的眼睛，很多人都不自觉地想捏一捏宝宝的小脸。这种看似关爱的做法却会伤害到宝宝，一是宝宝的皮肤比较娇嫩，再者在捏脸蛋的时候，宝宝的腮腺和腮腺管会受到相应的挤压，细心的妈妈会发现这种做法会导致宝宝总是流口水，严重时可能会令宝宝患上口腔黏膜炎等。

不要总抱着宝宝

月子里宝宝最需要睡眠，总是抱着会影响宝宝的睡眠质量。所以，除了哺乳、换尿布、拍嗝之外，最好不要长时间抱着宝宝。当然，在宝宝哭闹、有需求时，仍应及时回应，不能放任不理。

给宝宝拍下第一张照片

现代生活，人们越来越重视记录下宝宝从小到大的时光作为留念。对于妈妈来说，月子里给宝宝拍照留念，意味着一个新生命从此诞生，是生命的起点。但是一定要注意，给宝宝照相时不要用闪光灯，因为即使是强烈的阳光都会对宝宝的眼睛产生刺激，更不要说闪光灯了。利用自然光拍照是最好的。

月子餐

红枣枸杞莲子银耳汤

银耳中含有丰富的天然植物胶质，可以美容养颜、滋阴润肤；红枣中含有丰富的维生素和微量元素，可以增强抵抗力；枸杞子有补肾固元的功效。

原料：银耳、莲子、红枣、枸杞子、冰糖各适量。

做法：

1. 莲子和银耳提前 4 小时泡发；银耳撕成块；红枣、枸杞子洗净。
2. 锅中加水，将银耳、莲子、红枣、枸杞子一起放入锅中，中火煲至莲子熟烂。
3. 出锅前加入冰糖调味即可。

春卷

原料：木耳 10 克，香菇 5 个，胡萝卜 100 克，猪肉 100 克，春卷皮、姜末、酱油、盐、油各适量。

做法：

1. 胡萝卜洗净，切成丝；香菇、木耳泡发，切成丝；猪肉洗净，切丝，加酱油腌制 10 分钟。
2. 锅烧热油，放入姜末、猪肉丝煸炒片刻，再放入香菇丝、木耳、胡萝卜丝翻炒，加入盐、酱油调味。
3. 包成春卷，锅烧热油，放入春卷，炸至金黄即可。

红枣乌鸡汤

原料：乌鸡 1 只，红枣、枸杞子、葱段、姜丝、盐各适量。

做法：

1. 乌鸡收拾干净，切成块。
2. 锅内放入乌鸡块、红枣、枸杞子、葱段、姜丝，加入适量清水，大火煮沸后转小火煮 1 小时。
3. 出锅前加入盐调味即可。

海鲜粥

原料：小米 50 克，虾 4 只，圆白菜 50 克，料酒、蒸鱼豉油、油各适量。

做法：

1. 把虾壳、虾头取下，洗净备用；虾仁用料酒、蒸鱼豉油腌制；小米洗净；圆白菜洗净，切成丝。
2. 锅烧热油，放入虾头、虾皮，中火炒出虾油，捞出虾头、虾皮不要。
3. 虾油锅中直接放适量水，放入小米，大火煮沸后放入虾仁和圆白菜丝，小火熬至粥熟即可。

妈妈：胃口逐渐恢复

经过一段时间的细心调理，妈妈的身体恢复不少，胃口也变得越来越好。虽然可以趁此时增加营养，但也不要贪嘴，避免给肠胃增添不必要的负担。

爱吃也不能多吃

身体恢复良好，妈妈渐渐对饭菜有了食欲，不知不觉就加了饭量，但一定不要过量饮食，只要吃饱就好。暴饮暴食会降低营养的吸收率，给肠胃增加负担，导致消化系统出现问题。

饮食以清淡为主

即便有了食欲，月子里的餐食还是以清淡、多样化为主。产后妈妈身体恢复与哺乳需要大量的营养成分，所以食材不要太单一，多样的食材才能让妈妈获取的营养更全面。不但要吃精粮细米，还要适当添加杂粮，如小米、燕麦、红豆等，杂粮能够促进肠胃蠕动，预防产后便秘。

均衡膳食，荤素搭配

这一周宝宝成长了许多，照顾宝宝的工作量也大大增加，所以妈妈的营养摄入要跟上。可选用高蛋白的虾、蛋、鱼类，再补充一些排骨、瘦肉类。除此之外，还要增加一些新鲜的时令蔬菜。注意不要吃生冷、辛辣、硬的食物，也不要喝凉饮料。

有荤有素，营养全面。

月子里不吃盐是不科学的

很多老人认为月子里吃盐会导致回奶，妈妈以后也可能出现咽喉不舒服的症状。但是，如果人体没有摄入正常的盐，会影响体内电解质的平衡。不放盐的菜还会让妈妈毫无食欲，甚至一些荤菜会让妈妈产生反胃的感觉，这会阻碍营养摄入。但也不要摄入过多盐，过多的盐会增加肾脏负担。

宝宝：一些特殊现象慢慢出现

可爱的宝宝来到妈妈身边近两周了，妈妈慢慢发现宝宝身上会出现一些特有的现象，比如“长马牙”、乳房肿胀等。对于初次当妈妈的人来说，往往对这些现象感到惊慌失措，其实这些都是正常的。

“马牙”的生成

很多老习惯中，如果新生儿生了“马牙”就要用针去挑或者用较硬的毛巾擦拭掉，这种做法是不卫生也不科学的。所谓的“马牙”是宝宝上颚中线和齿龈边缘的黄色小斑点，这种现象是上皮细胞堆积或者黏液腺分泌物堆积导致的，可自行消失，不用做过多处理，不干净的处理手法会导致细菌感染。

乳房肿胀

宝宝可能会出现乳房肿胀，甚至分泌少量乳汁的现象。这是由于出生时体内还存在来自母体的雌激素、孕激素等导致的正常反应，一般2周可自行消退。

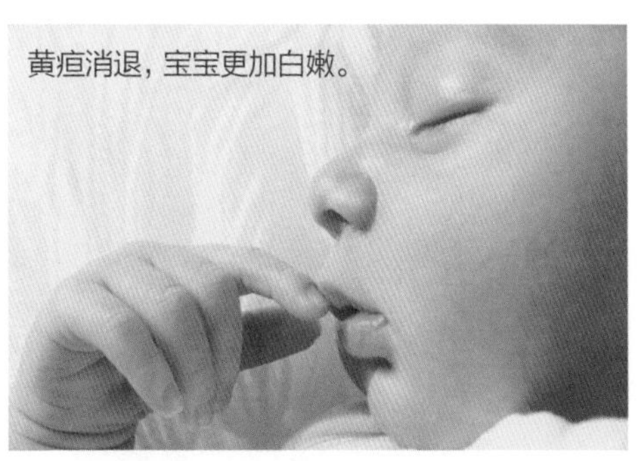

黄疸消退，宝宝更加白嫩。

呼吸时快时慢

宝宝熟睡的样子安静又美好，让妈妈觉得很温暖。但宝宝时而不均匀的呼吸会给妈妈造成困扰，担心宝宝是不是生病了。其实月子里宝宝的呼吸是没有规律的，出生2周内宝宝的呼吸频率一般为40~45次/分钟。在宝宝哭闹或者运动量增大的时候呼吸会变快，这都是正常的，妈妈不要担心。

支持妻子的科学育儿观念

妈妈的科学育儿观念往往与老一辈的育儿观念不一致，爸爸要跟着妈妈一起学习科学的、有依据的育儿经，避免采用老观念育儿，给宝宝造成不必要的健康隐患。如果妈妈与家中老人在育儿观念上发生冲突，爸爸要学会从科学的角度去分辨，支持科学育儿观。

月子餐

特色菠菜手抓饼

菠菜富含铁元素，可以预防和缓解产后妈妈缺铁性贫血。菠菜也含有丰富的膳食纤维，能够促进肠道蠕动，预防和缓解便秘。将菠菜做成手抓饼，既美味，又补充体力。

原料：菠菜 200 克，鸡蛋 2 个，面粉、盐、油各适量。

做法：

1. 菠菜洗净、切段，放入榨汁机中，加入 30 毫升水，榨成汁。
2. 鸡蛋打散成蛋液，放入碗中，加入面粉、盐、菠菜汁，搅拌成面糊。
3. 锅中刷油，倒入面糊，小火慢煎至两面金黄即可。

蘑菇炒鱿鱼

原料：鱿鱼 200 克，青椒、红椒各半个，姜片、盐、油各适量。

做法：

1. 将鱿鱼洗净，切成块；青椒、红椒去子，洗净，切成块。
2. 锅中放水烧热后倒入鱿鱼，卷起成花即可捞出。
3. 锅中倒油烧热后，放入姜片爆香，倒入鱿鱼翻炒。
4. 鱿鱼翻炒至熟后，倒入青椒、红椒，翻炒至断生，出锅前加入盐调味即可。

宫保鸡丁

原料：鸡胸肉 250 克，扁豆 100 克，炸花生米、葱段、酱油、料酒、水淀粉、盐、油各适量。

做法：

1. 鸡胸肉切成块，加入酱油、料酒、水淀粉、盐腌制 10 分钟；扁豆洗净，切成丁。
2. 锅中放油，倒入葱段爆香，加入鸡肉块翻炒至断生，倒入扁豆丁、炸花生米，一同翻炒 5 分钟。
3. 出锅前加入盐调味即可。

腰果西芹百合

原料：鲜百合 50 克，西芹 100 克，腰果、盐、油各适量。

做法：

1. 鲜百合切去头尾，掰成瓣；西芹洗净，切成段。
2. 锅中放油，倒入百合、西芹快速翻炒。
3. 翻炒至西芹断生，加入腰果翻炒 2 分钟。
4. 出锅前加盐调味即可。

补血调气阶段

经过近半个月的恢复，妈妈无论是体力还是精神状态都比刚分娩时强了很多。这个时期要继续留意生活细节，时刻关注子宫的恢复情况。同时加强饮食营养，适当活动身体，以更充沛的精神状态和更愉悦的心情，来迎接接下来照顾宝宝的重任。

妈妈：保暖细节不可疏忽

经过2周的调养，妈妈身体各项机能都有所恢复，但还没有达到之前的健康水平，因此不能疏忽对自己的照顾。注意保暖，否则稍有不慎会落下月子病。

温水洗漱，合理通风

此时妈妈的身体虽感觉比之前有劲儿多了，但还没完全恢复，如果遇到冷水侵袭，很可能埋下病根。因此，月子里妈妈洗漱或清洁身体时仍要选用温水，还要注意不要去触碰过于寒冷的东西，不要吹到冷风。通风的时候尽量远离风口，可以让家人将月子房开窗通风并恢复到适宜的温度之后，再回到房间休息。

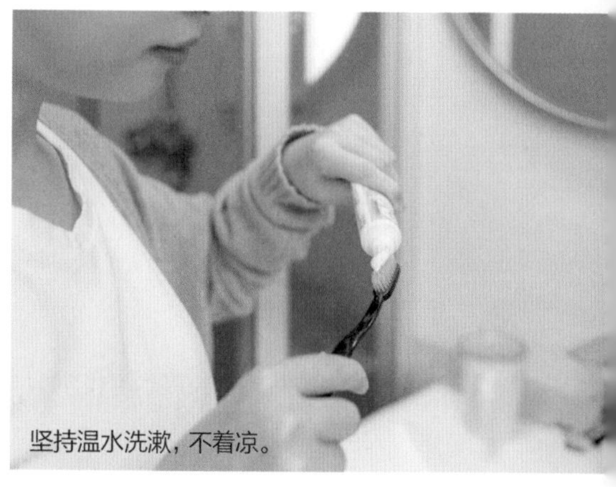
坚持温水洗漱，不着凉。

注意腰部保暖

妈妈月子里经常会感觉到腰酸、腰痛，因此要格外注意腰部护理，避免受凉或过于劳累。家人可帮忙制作简单的护腰用于腰部防护保暖，或者购买相应的护腰产品。但要注意护腰的选材要柔软舒适，内里填充可用棉絮或者真空棉，比较轻，保暖效果又好。护腰最好是可调节的，以便妈妈选择最舒服的松紧度。天冷的时候，在下床活动时要注意添加衣物，增加腰部保暖。

爸爸需要做的

为妻子做好保暖措施

妈妈在月子里稍有不慎便会落下病根，尤其洗漱、清洁身体时，特别容易着凉。秋冬时节坐月子，由于天气原因更容易引发各种病痛。如果妈妈畏寒，建议爸爸准备一些取暖设备，随时为妻子创造暖和干爽的环境。尤其是妈妈洗完澡、头发还没干透的时候，爸爸可以协助妻子用电吹风将头发吹干，避免头部受凉，导致头疼。

宝宝：该补充微量元素啦

宝宝出生 15 天，也就是从第三周开始，建议每天补充维生素 D、维生素 A。出了月子，还要适度到户外活动，晒晒太阳，才能保证维生素 D 的合理摄入，助力骨骼发育。

补充维生素 A、维生素 D

维生素 D 的来源与其他营养素略有不同，除了食物来源之外，还可来源于自身合成制造。但这需要多晒太阳，接受更多紫外线照射才会自身合成。一般情况下，月子里的宝宝一定要补充维生素 D，以满足发育所需。

缺乏维生素 A 可影响宝宝的视力发育，使骨组织发生变性，导致软骨内骨化过程放慢或停止，造成牙齿发育缓慢、不良等。通常，如果没有缺钙现象，建议每天给宝宝吃鱼肝油 400~800 国际单位（10~20 微克）。

要不要给宝宝补钙

如果宝宝没有明显的缺钙症状，不建议给宝宝补充钙质。一般来说，母乳中含钙量比较高，每天补充适量的鱼肝油（维生素 A、维生素 D），可以促进宝宝从乳汁或者奶粉中吸收钙质。

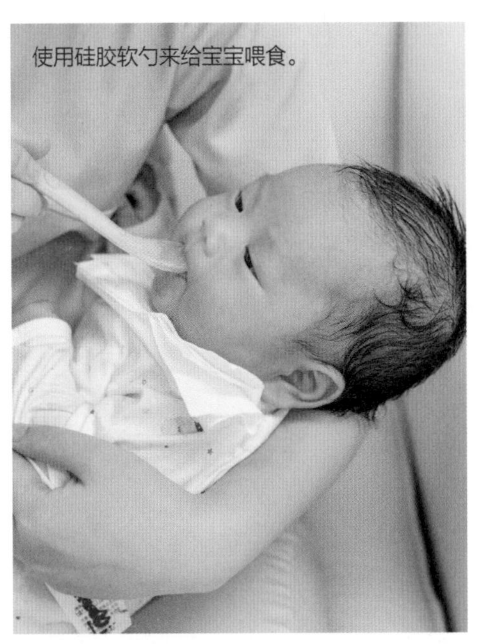
使用硅胶软勺来给宝宝喂食。

宝宝睡不好可能是缺钙

一般宝宝睡眠质量不好，大多是因为缺钙、消化不良或受到了惊吓。比较常见的是缺钙，缺钙不仅影响宝宝的睡眠质量，还会导致掉头发，甚至会引发佝偻病。对于缺钙的宝宝，多晒太阳有助于钙的吸收与合成。但一定不要过量补钙，过量的钙不但不会促进宝宝生长发育，还会造成钙中毒，补钙的剂量一定要在医生的指导下进行，不可擅自做主。

月子餐

清蒸鲈鱼

鲈鱼具有补肝肾、益脾胃的功效，对产后肝肾不足有很好的补益作用。而且鲈鱼有催乳作用，可缓解产后乳汁分泌不足。

原料：新鲜鲈鱼 1 条、姜、葱、料酒、盐、油各适量。

做法：

1. 鲈鱼收拾干净，洗净，两面分别划几刀，葱、姜分别切丝。
2. 用盐抹一遍鱼身，取部分葱丝、姜丝码在鱼身上，淋入一勺料酒。
3. 蒸锅倒入清水，水开后，将鱼放入，大火蒸熟，关火。倒掉蒸出的汁水。将剩余葱丝、姜丝码在鱼身上。
4. 另取锅热油，油热后浇在鱼身上即可。

仔鸡烧栗子

原料：仔鸡 1 只，栗子、姜、葱、白糖、酱油、盐、油各适量。

做法：

1. 仔鸡收拾干净，切成块；栗子去皮；姜切片；葱切段。
2. 鸡块冷水下锅，煮到水开后捞出。
3. 锅中倒油烧热，倒入葱段、姜片爆香，倒入鸡块翻炒至颜色泛黄。加酱油、糖翻炒，再加入没过鸡块的清水，烧开后中火炖 30 分钟。
4. 把栗子倒入锅中，小火再炖 30 分钟，出锅前加盐调味即可。

鸭血粉丝煲

原料：鸭血 100 克，粉丝 50 克，豆芽、小白菜、盐、香油、白胡椒、葱花各适量。

做法：

1. 粉丝泡发 1 小时；鸭血切成块；小白菜洗净，切成段。
2. 锅中放水烧开后，将粉丝、鸭血、豆芽、小白菜一同放入，转小火煮至鸭血熟透。
3. 出锅前，加入盐、香油、白胡椒调味、撒上葱花即可。

奶香西蓝花汤

原料：西蓝花 100 克，低脂牛奶 150 毫升，洋葱、盐各适量。

做法：

1. 西蓝花洗净，掰成块；洋葱洗净、切成片。
2. 将西蓝花放入热水锅中焯至断生。
3. 将西蓝花、洋葱、牛奶一起倒入搅拌机中，搅打成糊，加盐调味即可。

妈妈：月子里脱发正常吗

生产后由于妈妈身体虚弱，可能会造成生理性脱发。但只要注意产后调理身体，补充适当的营养，不必过于担忧，浓密的头发还会慢慢恢复。

生理性产后脱发

头发和其他身体组织一样，也要进行新陈代谢。妊娠期间，由于孕妈妈体内分泌的雌激素升高，脱发的现象不明显。分娩之后，体内雌激素水平降低，逐渐恢复正常，头发掉的也就比之前更多了，于是就产生了产后脱发问题。脱发只是暂时性的生理现象。

补充蛋白质预防脱发

想要减轻产后脱发的困扰，在月子里妈妈可进食含丰富蛋白质的食物。比如鱼、牛肉、鸡蛋、牛奶、黑芝麻、紫米、核桃、葵花子等。妈妈只需要在饮食方面多加注意，产后脱发并不是大问题。

保持良好的心情远离脱发

月子里妈妈要保持心情舒畅，特别是需要哺乳的妈妈，要避免精神过度紧张，不良的情绪会加重脱发。要正确认识到产后脱发是产后妈妈必经的一个正常的生理过程，没有什么可担心的。过度焦虑、害怕，不仅不会缓解产后脱发，还会导致产后抑郁。

定期清洁头发减缓脱发

月子里妈妈可进行适当的头部护理，传统说法“月子期间不能洗头、梳头”是不科学的。不清洁的头发会造成皮脂分泌物和灰尘堆积，堵塞毛囊造成毛囊炎或感染，大大增加了脱发的概率，而且还影响头部血液供给，有碍健康。妈妈可用适宜的温水清洗头部，选择梳齿较钝圆的梳子来轻轻梳头，促进血液循环，减少掉发。

宝宝：生病了怎么办

正常情况下，进入本周，宝宝的呼吸会慢慢变得有规律。如果发现宝宝的呼吸突然急促或喘息较重，则要警惕新生儿疾病的发生。

新生儿肺炎

在出生 7 天内发生的肺炎，是宫内、分娩过程中的感染造成的，称为宫内感染性肺炎或新生儿早发型肺炎；于出生 7 天后发生的肺炎，主要是家庭中与新生儿密切接触的成员感冒或呼吸道感染后通过飞沫传播给新生儿的，称为晚发型肺炎。这一阶段，如果宝宝呼吸不正常，则可能是晚发型肺炎导致。

感冒发热

宝宝在出生后，可能由于气温变化或间接传染而感冒。这一时期，宝宝身体免疫系统尚未完善，很容易被细菌感染。大多数宝宝感冒后会有咳嗽、呼吸沉重、发热等症状，感冒症状可持续一周左右，咳嗽的症状可能最晚消失。哺乳的妈妈注意此时要减少盐分摄入，吃

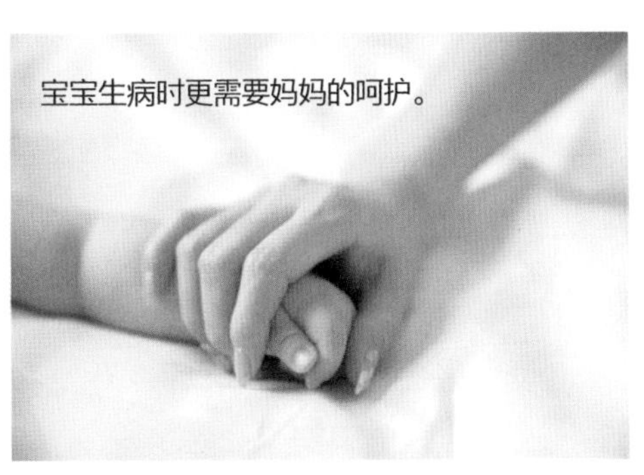

宝宝生病时更需要妈妈的呵护。

些清淡的食物。如果宝宝身体发热要及时就医，不要擅自在家用药。

咳嗽

新生宝宝的呼吸系统较为脆弱，稍有不当可能会引发咳嗽，比如突然吸入冷空气、室内灰尘较大等都可能造成呼吸道感染。为了防止咳嗽引发的其他症状，建议一旦有此症状就要带宝宝就医，弄清楚是什么原因导致宝宝咳嗽，积极配合治疗。

帮助妈妈给宝宝喂药

宝宝生病的时候，往往不会配合吃药，这让很多妈妈着急上火，这时，喂药可让爸爸代劳。喂宝宝吃药的时候不要强硬地灌药，尽量轻柔地捏住宝宝的脸颊，用专用的辅食勺喂服。给宝宝喂药不是一件轻松的工作，但只要掌握了方法也能事半功倍。

月子餐

银耳雪梨百合羹

百合可润肺止咳、补气安神；银耳中含有丰富的微量元素；梨具有降火的效果，三者结合有补气养血，健脾开胃的功效。吃的时候不要只喝汤，百合、梨、银耳等也要吃掉。

原料：银耳、干百合各 20 克，红枣 3 个，雪梨 200 克，冰糖各适量。

做法：

1. 银耳洗净、泡发，撕成小块；百合泡软；雪梨洗净、去皮，切成小块；红枣洗净。
2. 锅内放适量水，加入银耳、雪梨、百合、红枣、冰糖，熬至银耳软烂即可。

鱼头汤

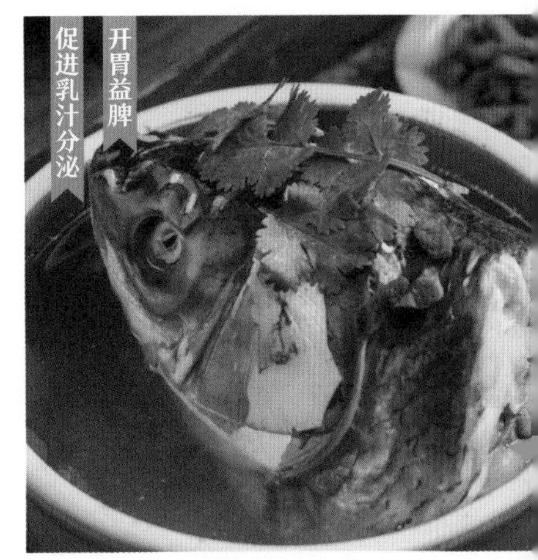

原料：鱼头 1 个，葱末、姜末、香菜末、盐、油各适量。

做法：

1. 鱼头去鳃，洗净。
2. 锅中放油，烧至六成热，把鱼头放入锅中，煎至金黄色，捞出。锅内留底油，放入葱末、姜末炒香，放入煎过的鱼头，加开水没过鱼头。
3. 大火烧开后转中火，熬 20 分钟，出锅前加盐调味，撒上香菜末即可。

蒜蓉蒸金针菇

原料：金针菇 100 克，蒜、蚝油、盐各适量。

做法：

1. 金针菇去除老根，洗净，切段；蒜切成蒜蓉。
2. 蒜蓉、蚝油、盐调匀成调料汁。
3. 金针菇摆在盘内，冷水上锅蒸 10 分钟，出锅后淋入调料汁，搅拌均匀即可。

手撕包菜

原料：圆白菜 300 克，蒜片、葱末、盐、干辣椒、油各适量。

做法：

1. 圆白菜撕成大片，洗净。
2. 起锅热油，将葱末、蒜片、干辣椒爆香，加入圆白菜，大火翻炒到断生。
3. 加入盐调味，大火翻炒至汤汁收干即可。

妈妈：眼睛有点疲劳

月子里，大部分妈妈的眼睛会出现疲劳和不适的症状，这些都是由于产后气血两亏造成的。此时若不加以注意，可能导致视力下降或眼疾的发生。

多休息减缓视疲劳

产后妈妈在短时间内身体呈现气血两亏的状态，有的妈妈甚至肝肾也有所亏损。除了日常的饮食调养外，还要增加休息时间。月子就是用来给妈妈好好休息的，不要过多关注其他事情，导致劳心伤神，在条件允许的情况下增加休息时间，不仅有助于恢复体力，也对眼睛很有好处。

不要过度用眼

这个时候，妈妈身体日渐好转，想休闲娱乐一下。但是在看书、手机、电视的时候难免会感觉到强光刺眼、眼睛干涩，甚至有时会有刺痛感。出现这种情况的时候，就应该注意用眼时间，因为产后气血虚会影响到眼睛，增加视疲劳。如果过度用眼，会对眼睛造成伤害，视力下滑，影响以后的生活。如果妈妈的眼睛不适已经持续一段时间，且症状比较严重，没有减轻的趋势，要考虑是不是已经得了眼疾，要及时到医院看医生，以免延误病情。

妈妈、宝宝都要好好睡觉。

爸爸需要做的

叮嘱妈妈不要长时间玩手机

月子里，妈妈可能会觉得无聊，想玩手机。手机屏幕较小，在看手机的时候眼睛距离手机很近，屏幕发出的光线会伤害到妈妈的眼睛。很多妈妈会发现，在看了一会儿手机之后眼部明显出现不适。这时候，爸爸要叮嘱妈妈在月子里不要长时间玩手机，月子里如果没有保护好眼睛，眼睛会加速老化，严重的会引起眼疾。

宝宝：洗澡有讲究

前几日，宝宝的脐带已变黑并且自动脱落，这几天宝宝的脐带部位已经基本愈合，妈妈可以准备给宝宝洗个舒舒服服地温水澡。洗澡对宝宝好处多多，不但能够清洁皮肤，还会促进血液循环，增进食欲、提高睡眠质量。

采取抱浴法给宝宝洗澡

月子里建议妈妈不要将宝宝完全浸入水中洗澡，可采取抱浴法。先将宝宝用浴巾裹住，只露出脸部和头部，用大腿承接着宝宝的躯干，用一只手托住宝宝的颈部跟头部，再用另一只手蘸取温水清洁宝宝的脸部和头发。注意不要让宝宝的耳朵进水，可以让爸爸帮忙堵住耳朵和耳廓防止进水。之后，妈妈可以将宝宝抱在怀里分别清洗上半身和下半身，一定要全面清洁，特别是胳肢窝、大腿根部等部位。

注意脐部护理

虽然宝宝的脐带已基本愈合，也要尽量避免脐部接触水，给伤口多留点恢复的时间。可以在洗澡之前，在宝宝的肚脐部位贴上护脐贴。洗完后要马上给宝宝擦干，脐部周围尤其要保持干爽，避免感染。

头皮痂如何处理

一般情况下，宝宝的头皮痂会自动脱落。但是每个宝宝的情况不一样，有的宝宝头皮痂较厚，可能会令宝宝感到不适。妈妈可以用橄榄油或者香油涂抹，等到头皮痂变得柔软之后，慢慢地用棉签小心地擦拭掉，或者用梳齿钝圆的小梳子轻轻梳掉，最后用温水将头部擦拭干净。其间，一定要注意宝宝的情绪反应，如果宝宝哭闹可能说明感到了疼痛或不适，应立即停止。

洗澡可增进母子感情

给宝宝洗澡的过程对于母子双方来说是一种享受，肌肤的亲密接触可以增加彼此的感情，是建立亲子关系的好机会。洗澡过程中，妈妈可以和宝宝交流对话，虽然宝宝还不能完全听懂妈妈说的意思，但是听到妈妈的声音也会很开心，这样也能够吸引宝宝的注意力，让他的情绪保持在稳定的状态，洗澡的过程会比较轻松。

月子餐

枸杞鸭肝汤

鸭肝含有丰富的铁元素和其他多种微量元素，非常适合产后贫血的妈妈食用；枸杞子可提高妈妈的免疫力，是有助恢复健康的食材之一。另外，鸭肝中还富含维生素 A，多吃鸭肝，对产后视力的恢复有所帮助。

原料：鸭肝 4 个，胡萝卜半根，蘑菇 50 克，枸杞子 10 克，葱、姜、料酒、高汤、盐各适量。

做法：

1. 鸭肝、胡萝卜、蘑菇分别洗净，切片；葱切段；姜切片。
2. 鸭肝片加入姜片、料酒，拌匀腌 10 分钟。
3. 高汤煮开，放鸭肝片、胡萝卜片、蘑菇片、枸杞子、葱段、姜片煮至沸腾，转小火煮 10 分钟。
4. 出锅前加盐调味即可。

南瓜包

原料： 南瓜 200 克，中筋面粉 300 克，酵母粉、红豆沙各适量。

做法：

1. 南瓜去皮、去瓤，切成块，蒸熟后捣成泥。
2. 将南瓜泥加入酵母、面粉，拌匀成棉絮状，面团发酵至 2 倍大后，分成小剂子。
3. 将小剂子擀成面皮，包入红豆沙，可用棉线在南瓜包上勒出纹路，形似南瓜，入热水锅蒸 15 分钟后即可。

蘑菇汤

原料： 蘑菇 100 克，鲜香菇 5 个，葱花、鸡汤、盐各适量。

做法：

1. 蘑菇洗净；鲜香菇去蒂，洗净，切成块。
2. 锅中倒入鸡汤，大火煮开后，把蘑菇、香菇块放入，转中火煮 10 分钟。
3. 出锅前加盐调味，撒上葱花即可。

薏米紫薯红豆粥

原料： 薏米、紫薯、红豆各适量。

做法：

1. 红豆、薏米洗净后用清水泡 2 小时。
2. 紫薯洗净，切成块。
3. 将紫薯块、红豆、薏米一同下锅，加水煮成粥即可。

妈妈：学会科学绑腹带

产后妈妈的腹部会显得松松垮垮的，这个时候需要购买专业的腹带帮助恢复身材。如果是剖腹产，术后1周或2周后可以绑腹带，但最长不应超过1个月。

如何购买腹带

购买腹带的时候首先要考虑舒适度。产后排汗量较大，建议购买透气性较好的腹带。可以购买用纱布做成的腹带，因纱布孔隙较大，透气性有保证，接触皮肤时不会造成不适感。但剖宫产的妈妈则建议用棉质的腹带，因为腹部有伤口，纱布腹带的固定作用不如棉质腹带，对伤口恢复不是特别适合。

正确使用腹带

仰卧在床上，屈膝将臀部抬高，将双手手心放在下腹部向上推，进行适度按摩；推完后，拿起腹带从髋骨、耻骨处开始缠绕5~7圈，重点在下腹部缠绕，每绕一圈半倾斜折一次；然后按照每圈挪高约2厘米由下往上环绕至盖过肚脐，再做固定。拆腹带只需边拆边将腹带卷起来即可，方便收纳。

腹带不要过紧

有些妈妈急于恢复身材，认为将腹带绑得紧一点，恢复就会快一点，这是错误的想法。腹带绑得太紧会对身体造成不良的影响。绑得过紧会让胃部产生不适感，影响食欲，造成营养失调。而且过紧的腹带会影响血液循环，造成腹压升高，使生殖器官受到压迫，支持组织和韧带的支撑力下降，有可能造成子宫脱垂或子宫后倾后屈。

帮妈妈清洗腹带

产后妈妈应准备至少两条腹带，方便更换清洗。由于妈妈产后体虚，排汗量较大，因此更换下来的腹带要及时清洗，以免出现难闻的味道。爸爸要用无刺激性的洗涤产品进行清洗，再用清水漂洗干净，放到通风阳光处晒干即可。

宝宝：娇嫩皮肤需要柔软的衣物

宝宝的皮肤娇嫩敏感，亲肤的衣物才能保证宝宝的舒适。另外，宽松的衣物能让宝宝的小胳膊小腿灵活自如地活动，有助于健康成长。

月子里穿什么样式最舒服

不要给宝宝穿太紧的衣服，太紧的衣服会让宝宝活动时产生不适，对肺部和胸部的发育也会产生一定的影响。新生儿的衣服以结带斜襟式为最好。一般这样的衣服前面较长、后边较短，既可以在宝宝活动时避免掀起导致肚子受凉，也可减少被大便污染的可能，穿尿不湿的时候也会比较方便。由于新生儿的活动是无意识、不规则和不协调的，四肢大多是屈曲状，衣服宽大一些，不会束缚宝宝的活动。

选择衣料有讲究

宝宝衣物最好选用易吸水、保暖性强、质地柔软、透气性好、容易洗涤的材料。刚出生的宝宝皮肤柔软、娇嫩，抵抗力差，加上汗腺旺盛，棉质衣料是最佳选择。妈妈切记要根据温度的变化给宝宝穿衣服，不要穿得过于单薄，宝宝的抵抗力低，容易引发感冒。还要注意腋下跟裆部的布料要更加柔软，宝宝这两个地方的皮肤更加娇嫩，稍有摩擦就可能造成损害。

如何清洗及存放宝宝衣物

在清洗新生儿衣物时，要用宝宝专用的洗衣液或洗衣皂来清洗，建议单独洗涤，若与其他人的衣物一起洗涤可能导致宝宝的衣物沾染病菌或细菌。宝宝的皮肤还比较娇嫩，稍有不慎就可能引发皮肤问题。最好用手洗宝宝衣物，既能保证洗得干净，衣物也不会变形。清洗干净的衣物放到通风处晾干，储存时建议放在有阳光的地方，阳光中的紫外线可起到杀灭部分细菌的作用。

帮助妈妈分担洗衣任务

月子里宝宝更换衣物频繁，加大了洗衣物的工作量。爸爸可以主动承担洗衣任务，让妈妈不要过度劳累。尽量不要将脏衣服攒成多件后一起清洗，因为穿过的衣服放在一起，很容易滋生细菌，而且还容易产生异味。如果长时间未清理或者未及时清洗，衣服上的污渍就很难被清洗干净。在清洗宝宝衣物时，建议选用专业的宝宝衣物清洗剂。

月子餐

秋葵炒木耳

秋葵和木耳中都含有丰富的植物蛋白，可以增强免疫力，改善体质。木耳含有丰富的胶质，秋葵则含有膳食纤维、果胶，可以增强肠胃滑利性，利于排便。食用秋葵炒木耳不仅能帮助身体排毒，还能滋养容颜。

原料： 秋葵 150 克，木耳 10 克，熟红豆、熟玉米粒、葱、蒜、盐、油各适量。

做法：

1. 木耳用水泡发后洗净；秋葵洗净，切成段；葱切末；蒜切末。
2. 起锅热油，将葱末、蒜末炒香。
3. 倒入秋葵、木耳大火翻炒，加入一点点水。
4. 倒入煮熟的红豆和玉米粒，炒到汤汁收干，加入盐调味即可。

鸡蛋虾仁饼

原料：虾仁 100 克，鸡蛋 2 个，葱花、盐、胡椒粉、料酒、油各适量。

做法：

1. 虾仁放入盐、料酒、胡椒粉抓匀，腌制片刻；鸡蛋打散成蛋液，放一点盐。
2. 起锅热油，放入葱花爆香，放入虾仁翻炒至变色。
3. 倒入蛋液没过虾仁，将蛋液摊成圆形，转小火煎5分钟。
4. 出锅前撒上葱花即可。

牛肉面

原料：熟牛肉 100 克，面条 200 克，小油菜 1 棵，牛肉汤、香菜末、盐各适量。

做法：

1. 熟牛肉切成片；小油菜择洗净。
2. 将牛肉汤倒入锅中，加盐，放入面条、小油菜煮熟。
3. 将面条、小油菜和牛肉汤一起盛出，放入牛肉片，撒上香菜末即可。

炖带鱼

原料：带鱼 300 克，蒜、白糖、生抽、醋、面粉、盐、料酒、油各适量。

做法：

1. 带鱼洗净，切成段，放入料酒、盐腌制 15 分钟，将腌好的带鱼裹上面粉。
2. 起锅热油，放入带鱼，两面炸至金黄色。
3. 锅中倒入蒜、醋、生抽、白糖和适量水，加盖小火焖 10 分钟即可。

妈妈：持续呵护分娩伤口

经过近 3 周的护理，妈妈分娩时所造成的伤口正逐渐愈合。刚分娩过后的疼痛已减轻很多，但对于分娩的伤口还是要精心养护，以便完全愈合，不留隐患。

顺产妈妈伤口护理

对于顺产的妈妈，一般在会阴和阴道口会有明显的伤口，这是产后护理的重点。即便伤口已经基本愈合，还是要注意卫生，定期清洗。在使用产褥垫的时候，需要勤更换，以免局部细菌滋生影响伤口恢复。内裤仍要选择比较宽松、柔软的产妇内裤，以免蹭到伤口造成感染。

剖宫产妈妈伤口护理

剖宫产的妈妈此时可能还会感到些许疼痛，伤口表面愈合后要继续观察是否有红肿、液体渗出等状况。要注意保持瘢痕的清洁，出汗后要及时清理，瘙痒时也不要用手去抓，手上细菌易造成伤口感染。选用比较宽大柔软的衣物，减少因衣物与伤口摩擦而造成的瘙痒感。

增加维生素 C 的摄入

产后，如果妈妈体内维生素 C 缺乏，会导致伤口组织生长不良，不易愈合。建议妈妈多摄入富含维生素 C 的食物，加速伤口愈合。可以多吃一些新鲜蔬果，比如西蓝花、橘子、苹果、石榴等。西红柿中也含有大量维生素 C，但最好生吃，因加热会破坏维生素 C。

帮助妻子缓解伤口疼痛

妈妈可能因为身体上留下瘢痕而苦恼，认为不再漂亮了。爸爸要给予妈妈更多的关爱，这个瘢痕是母亲伟大的标记，是宝宝诞生留下的完美印记。在妈妈伤口疼痛的时候，爸爸可以帮助缓解妻子的疼痛，如用柔软的毛巾包裹暖水袋热敷伤口，帮助妻子缓解痛楚，消除局部肿胀。

宝宝：胃口变大了

这几天，妈妈可能会发现宝宝变得比以前更能吃了，胃口更大了。自己的乳汁有些供不应求了。不要担心，这可能是宝宝的“猛长期”到来了。

宝宝出现猛长期

都说月子里的小孩一天一个样，这正代表着宝宝在茁壮成长。宝宝出生后两三周会出现猛长期。在这个阶段，宝宝生长速度相当快，基本上每天的体重都在增长。这个时期，妈妈要保证宝宝有充足的营养和足够的睡眠。

坚持母乳喂养

无论是医生还是家里的老人都会坚持让妈妈母乳喂养，相比其他营养品，母乳确实是宝宝成长的最佳营养来源。母乳喂养可能会遇到很多困难，刚经历过开始哺乳的不适感，又到了宝宝猛涨期乳汁不足，妈妈可能会更加着急上火。妈妈要给自己信心，不要总是担心奶水不足，只要时常保持心情舒畅，充分休息，饮食均衡，奶水会慢慢变多的。

混合喂养的讲究

在宝宝的猛长期，很多妈妈会面临乳汁不足的问题。如果试过各种方法都无法让乳汁足够供应宝宝的需求，那可以考虑混合喂养，适当添加配方奶粉，满足宝宝正常的生长发育所需。即便是混合喂养，妈妈还是要积极哺乳，尽量让宝宝喝到母乳。宝宝越是吮吸，妈妈的乳汁越多；如果减少宝宝的吮吸，乳汁的分泌也会逐渐减少。切记混合喂养一次只能喂一种配方奶，不要频繁更换。

冲调奶粉一定要严格按照配比

给宝宝冲调奶粉的时候，一定要严格按照说明来调配。不要认为多放奶粉少放水，宝宝就会摄入更多营养。配方奶粉都是根据宝宝身体所需来均衡配比的，都能较好地满足宝宝营养方面的需求。如果奶粉冲得太浓，可能会导致宝宝消化不良，排便困难，还可能会影响宝宝对水分的吸收。

月子餐

虾仁鸡蛋羹

虾仁、鸡蛋都含有丰富的优质蛋白质，能提高人体免疫力。虾仁里面含有钙、磷、铁等多种矿物质，补充人体营养。

原料：虾仁 50 克，鸡蛋 2 个，香油、盐各适量。

做法：

1. 鸡蛋打入碗中，加适量水、盐，搅拌均匀，用过滤网过滤一遍。
2. 将虾仁放入鸡蛋液，去掉浮沫。
3. 锅中放水烧开后，将盛鸡蛋液的碗放入，蒸 10 分钟，出锅前加点香油即可。

菠菜蛋花汤

原料： 菠菜 200 克，鸡蛋 1 个，盐、水淀粉、高汤各适量。

做法：

1. 菠菜洗净，焯烫一下，沥干，切段；鸡蛋打散。
2. 将高汤倒入锅中，加水煮开，加盐调味，加适量水淀粉。
3. 再次煮滚后，倒入打散的蛋液，加入菠菜，煮至沸腾即可。

粉丝生蚝

原料： 生蚝 8 个，粉丝、葱、蒜、蒸鱼豉油各适量。

做法：

1. 生蚝洗净；粉丝用热水泡发好；葱切末，蒜切末。
2. 生蚝上放入粉丝、姜末、蒜末，倒入适量蒸鱼豉油，上锅蒸 10 分钟即可。

银耳百合鹌鹑蛋

原料： 干银耳 1 朵，鹌鹑蛋 5 个，干百合、冰糖、枸杞子各适量。

做法：

1. 鹌鹑蛋煮熟，剥去皮。
2. 银耳泡发后去蒂，撕成小块；干百合泡发，掰成瓣；枸杞子洗净。
3. 锅中加清水，放入银耳、鹌鹑蛋、枸杞子、百合炖煮 30 分钟，出锅前加入冰糖即可。

妈妈：难看的妊娠纹变淡了

生产后妈妈的腹部不再沉甸甸，动作也变得轻盈。细心的妈妈会发现，此时妊娠纹也在变化，跟孕期的时候相比，它的颜色及纹路都在慢慢变浅。

妊娠纹的形成

妊娠纹的形成一方面是因为受到妊娠期激素的影响，另一方面是因为腹部不断变大使皮肤的弹力纤维与胶原纤维受到不同程度的损伤或断裂，同时皮肤变薄，导致腹壁皮肤出现宽窄不同、长短不一的粉红色或紫红色的波浪状花纹。分娩后，妊娠纹会逐渐消失，留下白色或银白色的疤痕线纹，即通常所说的妊娠纹。

良好的作息饮食淡化妊娠纹

1. 良好的睡眠质量可以加快身体恢复速度，让皮肤变得细腻，对妊娠纹的淡化有一定的作用。

2. 多吃富含蛋白质的食物，能够帮助皮肤恢复弹性，减淡妊娠纹。

3. 使用专业的淡化妊娠纹产品，这个是效果最明显的办法。有条件的妈妈可以购买适合自己的淡化妊娠纹霜。

4. 针对长妊娠纹的部位进行局部轻柔按摩可促进血液循环，淡化妊娠纹。

选用合格的去妊娠纹产品

市场上有很多针对妊娠纹的产品，一定不要盲目选择，可以优先考虑值得信赖的大品牌，购买后可以在皮肤小部分涂抹，没有过敏和不适症状再大面积使用。

选择淡化妊娠纹产品时看成分

在选择淡化妊娠纹产品时，可以看一下产品的成分，对于含有酒精、激素、色素、铅汞等成分的坚决拒绝使用，另外也不要选择香味过重的产品。刺激性气味可能造成宝宝频繁打喷嚏。淡化妊娠纹的产品，要按照说明正确使用，才能保证有效果。

宝宝：小屁屁有点红

月子里，宝宝由于肠胃未发育完善，排泄次数较多，如果尿布或尿不湿没有及时更换，可能会出现“红屁股”现象，即尿布疹。

尿布疹是如何形成的

尿布疹最主要是由于宝宝臀部皮肤长时间潮湿、闷热不透气导致的。宝宝的皮肤比较娇嫩，排泄中的粪便及尿液中的刺激物质会使小屁股发红，如果不及时清理会加重尿布疹的症状。

如何预防尿布疹

首先在选尿布的时候最好给宝宝使用棉尿布。因为棉尿布舒适、透气性好，可保证宝宝小屁屁舒畅“呼吸”。平时也要经常检查尿布、及时更换。尿布在使用之前一定要先用开水烫一下，然后在日光下暴晒。要注意在给宝宝换尿布时，先用柔软的纸巾或湿巾给宝宝的屁股做好清洁，再换上干爽的尿布。如果使用纸尿裤，要注意使用的时间不宜过长，宝宝的屁股需要“通风换气”，否则仍有可能得尿布疹。

不要轻视尿布疹

轻度的尿布疹表现为宝宝会阴部、肛门周围、臀部及大腿外侧皮肤血管充血、发红。如不控制会出现渗出液，继而表皮脱落，形成浅表的溃疡，并可伴随红斑丘疹。所以妈妈一定要引起重视。

为宝宝及时更换尿布、保持清洁。

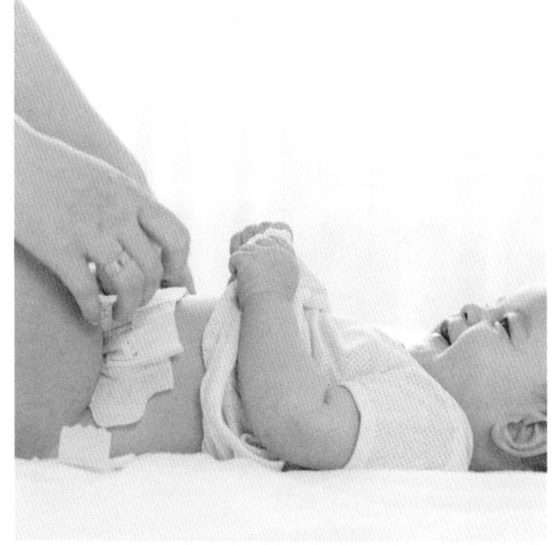

学会正确给宝宝换纸尿裤

换纸尿裤的工作可以交给爸爸，增进爸爸跟宝宝之间的情感。要注意每次换纸尿裤的时候应将两边的粘扣对准腰的位置，分别撕开贴牢，以防止尿液从背部漏出。宝宝尿量较多时，尿液也可能从纸尿裤两侧渗漏出来，所以最好使用防漏设计的纸尿裤。最后要注意的是要保护宝宝的脐部不受纸尿裤的摩擦，以免皮肤磨破、发炎、出血。

月子餐

丝瓜蛤蜊汤

此汤的膳食纤维丰富，所含的热量以及脂肪都很低，而且汤中含有丰富的碘，能加快新陈代谢，还可以疏通肠胃，排毒降脂。

原料：丝瓜 200 克，蛤蜊 250 克，盐、油各适量。

做法：

1. 蛤蜊洗净；丝瓜去皮、切片。
2. 锅中放油烧热后，倒入蛤蜊，爆炒至开口。
3. 倒入丝瓜翻炒 2 分钟，加入清水，煮开至丝瓜熟透。
4. 出锅前倒入盐调味即可。

木耳炖鸡汤

原料：鸡腿 500 克，木耳、莲子、枸杞子、料酒、姜、盐各适量。

做法：

1. 鸡腿洗净；木耳泡发；莲子泡 4 小时；姜切片。
2. 锅烧热水，放入鸡腿焯一下，盛出。
3. 将鸡腿放入炖锅中，加入料酒、姜片、枸杞子、木耳、莲子和水，炖 2 小时。
4. 出锅前加盐调味即可。

香菇粥

原料：大米 50 克，香菇 3 个，松仁、盐各适量。

做法：

1. 大米洗净，浸泡 30 分钟；香菇去蒂，洗净后切成块。
2. 将大米、香菇和松仁一同放入锅中，加适量水，煮成粥。
3. 出锅前加点盐调味即可。

上汤娃娃菜

原料：娃娃菜 200 克，高汤 200 毫升，枸杞子、盐各适量。

做法：

1. 娃娃菜洗净，将叶片分开。
2. 高汤倒入锅中，煮开后放入娃娃菜。
3. 汤再沸时，撒入枸杞子，加适量盐调味即可。

妈妈：重视乳房护理

母乳的营养成分较完备，对于18个月以内的宝宝来说，母乳是最合适的营养来源。提倡母乳喂养的同时，妈妈乳房的护理也不可忽视。

循序渐进增添催乳食物

小家伙越来越能吃，很多妈妈明显感觉到自己的乳汁快供不应求了。在饮食上，妈妈可以添加一些催乳通奶的食物。但注意不要突然大量增加，要循序渐进慢慢增添，催乳的同时也让自己的身体慢慢适应这个过程。

母乳不足怎么办

如果发现乳汁不足，也不要着急，乳汁不足不是一天两天就能解决的，它需要一个调理的过程。可以借助按摩，在疏通乳腺管的基础上，通过排空和按摩达到刺激乳汁分泌的目的。或者让宝宝多吮吸，给予乳房一定的刺激，促使生理性泌乳。产后哺乳期要保持良好的心情，心情不好也会导致乳汁减少。妈妈一定要自信，不要轻易放弃母乳喂养，相信你的乳汁会慢慢增多的。

发生“堵奶”可采取的办法

产后护理不当，乳房内可能会出现肿块，有的像鸡蛋大小，有的像核桃大小，有的小而密，或者是整个乳房涨得疼痛难忍。这些症状就是堵奶，这是由于乳腺管不通畅造成的。如果发生这种情况，千万不要在家自行疏通，不当的手法会对乳腺管形成二次伤害，严重时会造成乳腺炎的发生。比较轻的症状也要找专业的通乳师帮助，将堵塞的残奶排出，如果堵塞情况迟迟得不到改善，并伴有发热现象，则要及时就医，听从医生指导。

增加肉蛋的摄入

产后妈妈不仅要维护好自己的身体健康，还要兼顾宝宝的营养摄入。因此哺乳期间饮食尽量多样化，这样能够保证营养全面，在乳汁不足时可适当增加富含蛋白质的食材，如牛奶、鸡蛋、瘦肉、鱼、豆制品等，但不要为了催乳大吃大喝，这样不仅会令体重飙升、增加堵奶的风险，还会因乳汁油脂含量过高而导致宝宝腹泻。

宝宝：排便状况反映身体状况

到了第三周，宝宝的排便次数相比于前两周有所减少，但仍是一天多次，而且母乳喂养的宝宝通常要比人工喂养的宝宝排便次数多一些。

宝宝的排便次数

母乳喂养或者混合喂养的宝宝，正常情况下，大便一般是每天两三次。排除病理情况，如果纯母乳宝宝从出生后大便次数一直较多，但是体重、身高增长正常，可能是母乳性腹泻。如果人工喂养造成排便次数增多，可以尝试着给宝宝更合适的奶粉。

喂养不良导致的大便形态

绿色稀便：宝宝出现绿色稀便，且便量少次数多，可能是喂养不足造成的，适当给宝宝增加营养；妈妈吃了过多的绿色蔬菜也会导致绿便产生。

油性大便：如果宝宝排便呈淡黄色液体，量大，便中可观察到油脂，有可能是哺乳妈妈摄入过多油脂造成的，或者是奶粉中的脂肪含量过高。

泡沫状便：如果宝宝大便中含有大量泡沫且稀，带有明显酸味，可能是摄入过量的糖导致的。

病理性的大便形态

灰白便：宝宝从出生拉的就是灰白色或陶土色大便，但小便呈黄色，要警惕胆道阻塞的可能，应及时就医。

豆腐渣便或水便分离：这两种大便都是由于细菌感染导致的，豆腐渣便呈黄绿色，较稀，有时呈豆腐渣状；水便分离即便中水分增多，呈汤状，次数增加，多见于肠炎及秋季腹泻。

血性便：血性便通常呈红色或者黑褐色，有些夹带血丝、血块、血性黏膜等。如果宝宝没有服用铁剂，且能感受到宝宝明显不舒服、哭闹等，一定要及时就医，不容忽视。

宝宝也会便秘

新生儿便秘可能是胎粪性便秘，因胎粪稠厚，聚集在乙状结肠及直肠内，会延长排出时间。如果在出生 48 小时后没有排出，宝宝可能会表现出烦躁不安、腹部有些胀、拒绝吃奶，甚至呕吐等。如超过 72 小时没有排出，可就诊按照医嘱帮助其排便，如果排出后仍出现便秘的症状，则要考虑是否为病理性便秘，如先天性巨结肠等。

月子餐

鲜虾炖豆腐

虾营养丰富，其肉质松软，易消化，富含钙质，通乳作用较强，并且富含多种微量元素，对妈妈的身体尤有补益功效。

原料：鲜虾 10 只，豆腐半块，葱、姜、盐各适量。

做法：

1. 将虾线挑出，去掉虾须，洗净；豆腐洗净，切块；葱切碎；姜切片。
2. 锅中放水，放入虾、豆腐块和姜片，煮沸后撇去浮沫，转小火炖至虾肉和豆腐熟透。
3. 最后撒上葱花，放入盐调味即可。

瘦肉粥

原料：大米、猪瘦肉各 50 克，葱、盐各适量。

做法：

1. 大米洗净，加水浸泡 30 分钟；瘦肉洗净，剁成末；葱切碎。
2. 将大米和适量水放入锅内，大火烧开后转小火熬煮，至米粒熟软时放入肉末，煮至肉烂粥稠，加盐调味，撒入葱花即可。

茭白炒肉

清热补虚
预防便秘

原料：茭白 200 克，猪里脊肉 100 克，葱段、姜末、姜片、料酒、盐、油各适量。

做法：

1. 茭白洗净，切片；里脊肉洗净，切丝，用料酒和姜末腌制 10 分钟。
2. 锅内热油，下入葱段、姜片爆香，倒入腌好的肉丝，炒至变色。
3. 放入茭白，继续翻炒至熟透，最后放盐调味。

煎鳕鱼

原料：鳕鱼肉 1 块，鸡蛋清、盐、淀粉、油各适量。

做法：

1. 鳕鱼洗净、切块，鱼身抹盐，腌制 10 分钟。
2. 将腌制好的鳕鱼块裹上鸡蛋清和淀粉。
3. 锅内放油烧热，放入鳕鱼块煎至两面金黄即可。

增强体质阶段

哺乳，始终是妈妈在月子期间的重点“功课”。很多新妈妈因此“被迫”喝下各种汤汤水水。其实，过多的营养成分摄入会导致产后肥胖。而且宝宝娇嫩的肠胃也不易消化含有过多脂肪的乳汁，易造成腹泻等肠胃不适。所以妈妈要保证饮食的多样化，但不要过量食用，只要摄取日常所需即可，还要注重营养的搭配，蛋白质和维生素都不能缺少，维生素能够改善妈妈的体质，对于皮肤的养护也有一定功效。

妈妈：加强日常护理

到了第四周，妈妈疲惫的身体稍有轻松感，但还是要注意产后的日常护理，谨慎对待生活细节，一旦松懈，仍有可能落下“月子病”。

产后坚持刷牙

传统观念中，妈妈在月子里“不能刷牙”，从科学的角度来看这种说法是错误的。月子里妈妈的餐食较多，如果不按时清洁牙齿，食物的残留会导致口腔内细菌大量繁殖，大大增加龋齿的概率，同时也会带来诸多口腔问题，比如牙结石、牙龈炎、齿龈脓肿等。所以月子期间妈妈一定要坚持早晚刷牙。

每天早晚温水洗脸

产后妈妈不要懈怠对皮肤的清洁，最好早晚用温水洗脸，温水能够令皮肤毛细血管扩张，毛孔开放，促进肌肤的新陈代谢。对于油性皮肤来说，适当清洁可防止毛孔堵塞长痘痘，对于干性皮肤来说，温水洗脸可滋润肌肤。

睡前热水泡个脚

睡觉之前，舒舒服服泡个脚能够赶走一天的疲惫。足部关联了很多神经系统，对于坐月子的妈妈来说，经常热水泡脚能够促进血液循环，让筋疲力尽的妈妈恢复活力。在泡脚的同时适当按摩足底和脚趾可更好地缓解疲劳。

温水洗脸更清洁。

月子里如何清洁牙齿

月子里清洁牙齿要讲究方法，产后前 3 天最好用产妇专用软毛牙刷进行牙齿清洁，像正常刷牙一样里里外外清洁干净；第 4 天后，妈妈可选用较软的牙刷清洁口腔，注意动作要轻柔，不要伤到牙龈。刷牙的时候要用温开水，因为产后妈妈身体虚弱，牙齿对寒冷等刺激会非常敏感。日常要注意饭后漱口，清除食物残渣。

宝宝：正常生理标准参考

小宝宝已经3周多了，经过了一段时间的生长，变化越来越大了，妈妈应该适当了解一下宝宝的生理指标。

宝宝的头偏大些

很多妈妈在看到刚出生的宝宝时都会感叹“好丑”哦，小家伙的脸部有些皱皱巴巴的，眼睛有些肿，而且宝宝的头好大，感觉头跟身体不成比例。其实宝宝头部较大是正常现象，还有的宝宝看上去头顶部是尖的，这通常是因为顺产分娩过程中头部受产道挤压导致的。不要担心，2周后头部会慢慢变回正常的形状。

宝宝的皮肤出现黄白小点

刚出生不久的宝宝在鼻尖及周围会有黄白色的小点点，像脂肪粒一样，这是由于宝宝的胎脂没有完全退去，因皮脂堆积而形成的。还有的宝宝会在面部及肩膀部长有少量的胎毛，这些现象都会随着宝宝的成长而消失。

满月时宝宝的生长标准参考

满月时，男宝宝体重3.6~5千克，身长52.1~57厘米；女宝宝体重3.4~4.5千克，身长51.2~55.8厘米。

正常足月新生儿出生时胸围比头围小1~2厘米，一般满月时胸围可达36厘米左右。

满月时宝宝可俯卧抬头，下巴离床3秒钟；能注视眼前活动的物体：啼哭时听到声音会安静；除哭以外能发出叫声；双手能紧握笔杆；会张嘴模仿说话。

帮助宝宝睡个好觉

有时，宝宝在睡觉的时候会突然颤动一下。这时爸爸妈妈可能会认为宝宝是吓到或者做梦了。其实这种现象是“惊跳”反应。宝宝的神经系统发育尚未成熟，所以有时会产生局部肌肉抽动。在发生这种反应的时候，爸爸可以用手轻轻按住宝宝给予抚慰，让宝宝安静下来睡个好觉。

月子餐

藜麦饭

红、白、黑三色藜麦具有很高的营养价值，富含人体所需的多种氨基酸，而且含有种类丰富的矿物质，是非常优质的谷类，尤其适合月子期需要补充各种营养的妈妈。

原料：三色藜麦 50 克。

做法：

1. 将藜麦用水浸泡 30 分钟。
2. 倒入电饭煲中，加适量水，煮成饭即可。

豌豆鳕鱼丁

原料：豌豆 100 克，鳕鱼 200 克，姜片、料酒、盐、油各适量。

做法：

1. 鳕鱼洗净，去皮、去骨，切丁；豌豆洗净。
2. 用料酒、姜片把切好的鳕鱼丁腌制 30 分钟。
3. 锅中放油，倒入豌豆煸炒出香味，再倒入腌好的鳕鱼丁，炒至熟透。
4. 最后放入盐调味即可。

素炒荷兰豆

原料：荷兰豆 200 克，葱、蒜、盐、油各适量。

做法：

1. 荷兰豆择洗干净，放入沸水中焯烫 2 分钟，捞出沥干；葱切末，蒜切末。
2. 锅内倒油烧热，下入葱末、蒜末爆香，再下入荷兰豆翻炒至熟。
3. 出锅前加适量盐调味即可。

番茄炒菜花

原料：菜花 100 克，西红柿 1 个，葱段、姜片、盐、油各适量。

做法：

1. 菜花洗净，掰成小朵，放入沸水中焯烫 2 分钟，捞出沥干；西红柿洗净，切块。
2. 锅内倒油烧热，下入葱段、姜片爆香，放入西红柿块翻炒至软烂，析出汤汁。
3. 再下入菜花继续翻炒至熟透，加适量盐调味即可。

妈妈：产后运动为美丽加分

妈妈分娩后，为保证乳汁充足，每天摄入大量营养，导致身材一直无法恢复。产后适当运动，可帮妈妈重塑完美形象，为健康美丽加分。

产后运动好处多

初为人母是幸福的，但对于每个女人而言，美丽也是必不可少的。因为怀孕、分娩的原因，许多妈妈没办法及时恢复紧致的身材，腰部、腹部、臀部的肌肉都比较松弛。适当锻炼能够增加肌肉含量，让妈妈的身材更有型，还有助于身体的恢复。但月子期间，由于妈妈的生殖器官、体内脏器还没有完全恢复，所以不要过于心急，简单的轻量运动更合适。

运动要量力而行

每个妈妈的体质不一样，身体恢复情况也不一样。运动的时候一定要根据个人体质来安排运动时间和运动量，慢慢适应后再加大运动量。运动的形式可以根据自身情况选择，比如最初可以在室内散步，渐渐地可以加快速度快步走，做一些简单的保健操之类，等出了月子可适当到户外运动，但一切的前提是要保持自身的舒适度，不可逞强。

运动中注意补充水分

产后锻炼一定要注意身体适应度，不要过度劳累，以免适得其反。此外，要大量补充水分。产后本就容易出汗，哺乳的妈妈更是对水分有大量需求。运动量加大时，消耗的水分更多，除了多喝温开水，还可以选择低脂牛奶或鲜榨果蔬汁。

哺乳时间放在运动前

如果宝宝是母乳喂养，妈妈一定要选择在运动之前给宝宝哺乳。因为运动之后肌肉中会产生乳酸，乳酸堆积会让乳汁变味，宝宝可能会因此拒绝喝奶。如果运动之后宝宝饿了需要哺乳，可以选用提前存放在冰箱中的乳汁进行哺喂。在运动后 2 小时，妈妈可以正常哺乳。在早期，建议妈妈尽可能做一些轻松的运动，不要产生过多乳酸，以便哺喂宝宝。

宝宝：特殊的身体特征

某些表面看上去“异常”的现象，其实是新生儿独有的生理特点。妈妈需要多了解一点新生儿健康标准，从而注意观察自己的宝宝是否健康。

宝宝的囟门软软的

囟门是指宝宝颅骨接合不紧所形成的骨间隙，有前囟、后囟之分。前囟门位于前顶，呈菱形，在出生后12~18个月时闭合。后囟门位于枕上，呈三角形，在出生后2~4个月时闭合。月子里宝宝的囟门还是软软的，呈凹陷状，会随着呼吸一起一伏，妈妈要注意在宝宝囟门闭合前保护好宝宝的囟门。

宝宝的耳朵瘪瘪的怎么办

细心的妈妈发现，刚出生的宝宝耳朵瘪瘪的，甚至左右耳朵形状也不一样，不仅如此，耳朵上的皮肤皱皱巴巴的，一点也不好看。不要担心，有可能是宝宝在肚子里的时候耳朵被压到了，出生之后皮肤也要适应一个新的环境，不久都会慢慢恢复。

男女宝宝的生殖器

宝宝在出生的时候，生殖器都显得比较大。男宝宝的生殖器变大可能是因为出生时分泌大量激素造成的，其阴囊大小可能不一样，这是正常现象。女宝宝由于在母体内受到雌激素的影响，阴唇可能会比较肿大，这种现象在6~8周内会逐渐消失。

保持宝宝的生殖器干净卫生

刚出生不久的宝宝生殖器尚未发育完全，抵抗细菌的能力较弱，如果清洗不及时，被粪便、尿液所污染很容易造成感染。所以妈妈为宝宝做清洁的时候，一定不要忽略生殖器的清洗。注意要用温水，动作要轻柔。用力过猛或者水温过高都会给宝宝带来不必要的伤害。

月子餐

黑芝麻花生粥

黑芝麻和花生中均含有多种人体所需的氨基酸和维生素 E，能为妈妈全面补充营养，还具有抗氧化的作用。花生中富含的铁质能降低产后贫血的概率。

原料： 黑芝麻、花生仁各 20 克，大米 50 克，冰糖适量。

做法：

1. 大米洗净，用清水浸泡 30 分钟；花生仁洗净。
2. 锅内放入黑芝麻，不用放油，小火炒熟，盛出。
3. 浸泡好的大米、炒熟的黑芝麻、花生仁一同放入砂锅中，加适量清水大火煮沸，转小火慢熬。
4. 煮熟后，加入适量冰糖调味即可。

咖喱土豆牛肉

原料：牛肉 300 克，土豆 1 个，胡萝卜半根，洋葱 100 克，咖喱 1 块，盐、油各适量。

做法：

1. 牛肉、土豆、胡萝卜洗净，切块；洋葱洗净，切丁。
2. 牛肉放入冷水中，大火烧开煮 5 分钟，捞出。
3. 锅烧热油，加洋葱爆香，放入牛肉炒 2 分钟，加适量开水、咖喱块搅匀，小火煮 1 小时。
4. 放入土豆、胡萝卜，中火将土豆煮熟，出锅前加盐调味即可。

桃胶红枣炖木瓜

原料：木瓜 250 克，桃胶 10 克，红枣 5 个。

做法：

1. 桃胶浸泡 12 小时，洗净，掰成小块；木瓜去皮、去子，切块。
2. 桃胶、红枣放入清水中炖 30 分钟，加入木瓜再炖 10 分钟即可。

南瓜发糕

原料：南瓜 200 克，面粉 100 克，发酵粉、白糖各适量。

做法：

1. 南瓜洗净，去皮、去子、切片，蒸熟，趁热加入白糖，压成南瓜泥。
2. 加入面粉、发酵粉和适量水，搅拌成南瓜面糊。
3. 模具底部和周边涂一层油，装入南瓜面糊，发酵至 2 倍大。
4. 放进蒸锅，大火烧至水开后，转中火蒸 25 分钟，关火后，再闷 5 分钟即可。

妈妈：面部保养为美丽加分

产后妈妈不要急于化妆，但基础的养护是必不可少的。妈妈在养护肌肤时，首先要注意护肤品成分是否安全，建议前期以清洁滋润为主。

面部保养很重要

产后妈妈除了要注意皮肤清洁外，还要给予皮肤足够的营养。首先，晚间是皮肤保养的好时机，饱饱睡一个美容觉可以让皮肤焕发生机。建议产后妈妈不要太晚睡觉，熬夜对皮肤伤害很大，还容易形成黑眼圈。其次，睡觉之前要仔细温和地清洁皮肤，之后可涂抹一些晚霜之类的护肤品起到滋润皮肤的作用。

自制美白面膜

要想恢复美丽如初，产后妈妈可自制面膜敷脸，选用天然材料，更健康安全。例如哺乳期的妈妈可选用鸡蛋清敷脸，不含化学物质，不会影响到宝宝。鸡蛋清具有良好的美容作用，可以收紧肌肤毛孔，如果与蜂蜜配合使用，可以起到美白的作用。由于蛋清敷脸会使面部肌肤变得更干，因此，这种方法只适合于油性肌肤或偏油性的中性肌肤人士。此外，敏感肌肤或对鸡蛋过敏的妈妈不推荐使用。

注意预防颈部皱纹

产后妈妈总是低头照顾宝宝，颈部皮肤很容易因长期低头而产生皱纹，妈妈在保养面部皮肤的同时一定不要忽略颈部皮肤的养护。颈部保养并不是什么难事，只要平时呵护脸部的时候顺便做就成，也可购买专业的颈部护肤产品。除了颈前的护理，也不要忘记颈后的护理。颈后如果产生皱纹，皱纹便会向前延伸至颈前部。因此，颈前和颈后的皮肤护理要同时进行。

帮妈妈进行适当的颈部按摩

如果不注重颈部的保养，会造成颈部疲劳而产生酸痛感。爸爸可以每天适当帮妈妈进行颈部按摩，缓解疲劳。双手四指并拢放在双耳后方，然后由上往下轻推，一直推到肩部，数次之后可明显感觉舒畅。之所以要从耳后开始按摩，是因为这是颈静脉流向的方向，可促进血液循环，减轻甚至消除面部浮肿和颈部的酸痛，同时防止皱纹出现。

宝宝：小手小脚很娇嫩

小巧可爱的宝宝仍然十分脆弱，爸爸妈妈在抱起、放下宝宝时要注意动作轻一些，避免尖锐硬物伤害到娇嫩的宝宝。

宝宝的小手

妈妈会发现宝宝大多数时候都是握着小拳头向上伸展，时不时摆动一下。如果尝试用手指触碰宝宝的手心，他会握得更紧。但是睡着后，由于全身肌肉都放松了，宝宝的小拳头也就展开了。注意，妈妈给宝宝清洁小手的时候一定不要用力掰开宝宝握拳的手，用力不当可能会伤到宝宝的骨头。

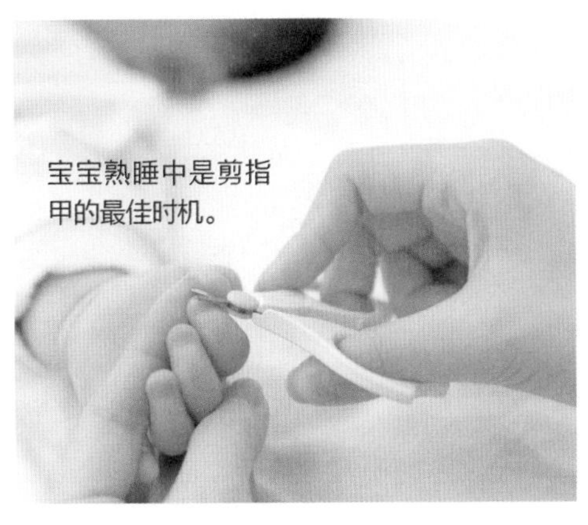
宝宝熟睡中是剪指甲的最佳时机。

宝宝的小脚丫

新生宝宝的脚底皱纹较多，刚出生的前几天呈嫩红色。因为宝宝的腿还没有完全伸展开，所以有些弯曲，导致脚心向里。细心的妈妈会发现，此时宝宝的脚底板是平平的，不要担心，这不是扁平足，而是正常现象，等到宝宝开始走路后，脚底就会慢慢长成成年人的弓形了。

给宝宝剪指甲

宝宝的指甲在妈妈肚子里的时候就开始发育了，新生儿的指甲都会比较长，薄薄的，比较软。如果新生儿不会抓破自己的皮肤造成伤害，就不需要剪指甲。但是有些宝宝好动，到处乱抓，可能会划破自己的皮肤，这个时候就要考虑给宝宝剪指甲了。市场上有专门的婴儿指甲钳可供选购，为新生儿修剪指甲时要小心，注意不要剪到皮肤就好。

爸爸需要做的

多接触宝宝，建立亲密的亲子关系

刚出生的宝宝小小的，皱皱的，这让很多爸爸都感觉无从下手。其实宝宝也没有你想的那么脆弱，轻柔的抚摸和正确的抱法都不会伤害到宝宝。爸爸要经常跟宝宝说说话、给予宝宝抚慰、帮宝宝换尿布，抓住这个契机建立亲子关系。平时多逗弄宝宝，更有利于宝宝的神经发育。

月子餐

芦笋炒西红柿

西红柿含有丰富的胡萝卜素、B 族维生素和维生素 C；芦笋中含有丰富的叶酸，有益于心脏，是天然的抗氧化剂。

原料： 西红柿 2 个，芦笋 5 根、葱末、姜片、盐、油各适量。

做法：

1. 西红柿洗净，切片；芦笋去硬皮，洗净，切成小段，放入沸水锅中，焯 2 分钟后捞出。
2. 油锅烧热，爆香葱末、姜片，放入芦笋翻炒 3 分钟，加入西红柿一起翻炒。
3. 出锅前加入盐调味即可。

红豆薏米杂粮粥

原料： 大米、黄米、薏米、芸豆、红豆各适量。

做法：

1. 将所有原料洗净，用清水浸泡 2 小时。
2. 锅中放水，倒入原料，大火煮开后，转为小火煮至熟烂即可。

豌豆炒虾仁

原料： 虾仁 100 克，嫩豌豆 150 克，鸡汤、盐、水淀粉、油各适量。

做法：

1. 将嫩豌豆洗净，放入加了少许盐的开水锅中，焯一下。
2. 油锅烧热后，将虾仁入锅，翻炒出香味。
3. 放入焯好的嫩豌豆，翻炒均匀，再倒入鸡汤、盐。
4. 待汤汁快收干时，用水淀粉勾芡即可。

小米鸡蛋粥

原料： 鸡蛋 1 个，小米 50 克。

做法：

1. 小米洗净；鸡蛋打散。
2. 锅中加水，放入小米，大火煮沸后转小火煮到小米软糯，粥黏稠。
3. 然后把鸡蛋液打入到锅中，搅拌均匀即可。

妈妈：恶露逐渐变为白色

这周妈妈的恶露颜色比上周更淡了，而且量也减少了，这表明子宫正在恢复中，偶尔会有褐色分泌物，但只要没有反复大量出现血性分泌都是正常的。

注意隐私部位卫生

第四周，恶露减少让妈妈的身体清爽了不少，而且伤口已经不会像刚开始那样感到疼痛，但妈妈仍需精心呵护隐私部位，以防产褥感染。产褥感染是指分娩及产褥期生殖道受病原体侵袭，引起局部或全身的感染，产生发热、疼痛、恶露异常等症状。所以月子里一定要注意私处的卫生护理。

适当进行缩肛运动

在分娩过程中，妈妈的盆底肌功能会受损，产后做缩肛运动有助于盆底肌的恢复。在运动的时候要集中精力，先深吸一口气，然后提肛门，收缩腹部。感觉到肛门提到不能提之后，屏住呼吸，保持两三分钟，再放松，重复此步骤。注意，一定要量力而行，在不影响伤口愈合的情况下再做缩肛运动。

健康饮食避免便秘

本周可适度增加营养，多吃一些鱼、肉、动物肝脏等含蛋白质较多的食物，还应合理搭配粗细粮及蔬菜水果，帮助胃肠道蠕动。也可吃些植物油，有润肠通便的作用。

妈妈产后失血多，不时还有恶露排出，因此要补充水分。避免吃辛辣、过咸、过冷的食物。

烹饪富含钙质的菜肴

人体中绝大部分的钙质集中在骨骼和牙齿中，孕期和哺乳期妈妈会有一定程度的钙质流失。这不仅给妈妈的健康带来影响，也会让母乳喂养的宝宝钙质摄入不足。因此爸爸在选择食材时要挑选一些含钙量较高的食物，比如瘦肉、牛奶、鸡蛋黄、豆腐等。补充足够的钙质有利于妈妈远离骨质疏松，还能给宝宝的成长加分。

宝宝：喜欢温暖的怀抱

一个新生命的诞生对于父母来说是非常喜悦的一件事情，看着小小的宝宝，想要将他捧在手心中、放在心尖上。怎样才会让宝宝在自己的怀抱中感觉到安全放松呢？下面就教给你正确的抱法。

正确将宝宝抱入怀中

在准备抱宝宝前，首先要清洗双手并保证双手温暖，摘掉手上和胳膊上的饰物，避免划伤宝宝。由于刚出生的宝宝颈肌还没有发育完全，建议横抱比较好，竖抱的方法会导致宝宝的头部力量全部压在颈椎上，可能会对脊椎有影响。另外，不要过于用力压着宝宝。

妈妈的怀抱最温暖

妈妈的怀抱对于宝宝来说是最温暖的。妈妈的心跳、体温、气味都是宝宝熟悉和喜欢的。但是不建议月子里的妈妈久抱宝宝，因为这个时期的妈妈身体还比较虚弱，身体各方面都没有完全恢复，长久抱着宝宝会让妈妈产生疲劳感。但是时而抱一下宝宝，会让宝宝更有安全感，也有利于增进母子之间的感情。

怎样将怀抱中的宝宝放在床上

如何将怀抱中的新生儿放下也是一门必修课。可以一只手托着宝宝的颈部，另外一只手托着宝宝的臀部，慢慢将其放在床上。注意在过程中一定不要过早放手，直到宝宝整个身体都接触到床才可以慢慢抽出宝宝屁股下面的手，再稍稍抬高宝宝颈部，拿出另外一只手。切记整个过程中动作要轻柔，因为宝宝的骨骼还是很脆弱的。

宝宝枕秃是缺钙引起的吗

宝宝缺钙会导致睡眠不安、多汗、夜惊等，在睡眠的时候还会频繁摆动头部摩擦枕头，导致枕秃发生。但不是所有的枕秃都是缺钙造成的。刚出生的宝宝自主神经还不够稳定，产生生理性出汗，长期出汗并与枕头摩擦也会造成枕秃现象。妈妈要注意观察宝宝，区分宝宝枕秃的原因，如果缺钙就要及时帮助宝宝补充钙质，以免影响宝宝的生长。

月子餐

虾皮紫菜汤

紫菜和虾皮都含有丰富的钙质，是极佳的补钙食材。这道汤品不但味道鲜美还简单易做，适合搭配着主食食用，鲜美的汤汁能提升妈妈的食欲。

原料：紫菜 5 克，鸡蛋 1 个，葱花、虾皮、香油、盐各适量。

做法：

1. 虾皮挑拣干净，洗净；紫菜剪碎；鸡蛋打散成蛋液。
2. 锅中加水，水开后下入紫菜碎和虾皮，时不时用勺子翻搅一下，避免紫菜粘锅。
3. 煮至沸腾后倒入打散的鸡蛋液，再次煮沸，出锅前加盐调味，再淋上香油、撒上葱花即可。

西红柿炒面

原料： 虾仁 50 克，西红柿 1 个，面条 100 克，盐、香油、油各适量。

做法：

1. 虾仁洗净；西红柿洗净，切块。
2. 锅中加水，水开后放面条，待面条八成熟时捞出，放入水中过凉。
3. 锅内烧热油，放入虾仁、西红柿，翻炒出汁。
4. 放入面条，加一点水炒熟，加盐调味，淋上香油即可。

燕麦南瓜粥

原料： 燕麦 30 克，大米 50 克，小南瓜 1 个。

做法：

1. 小南瓜洗净，削皮，切块；大米洗净，用清水浸泡 30 分钟。
2. 锅置火上，将大米放入锅中，加适量清水，大火煮沸后转小火煮 20 分钟。
3. 放入南瓜块，小火煮 10 分钟。
4. 加入燕麦，继续用小火煮 20 分钟即可。

鸡蛋玉米羹

原料： 鲜玉米粒 100 克，鸡蛋 2 个，枸杞子、冰糖各适量。

做法：

1. 鸡蛋打散成蛋液，放在一个大碗里。
2. 碗里放入玉米粒、枸杞子和冰糖。
3. 蒸锅中放水烧开，将碗放入，蒸 8 分钟即可。

妈妈：穿着舒适，勤换衣物

月子期间，妈妈选择绵软宽松的衣物不仅穿着轻松而且也很方便，但要注意保暖，避免受凉，同时也要注意衣物的卫生清洁。

选择宽大舒适的衣物

产后妈妈的生理状况较为特殊，过紧的衣物会让妈妈产生不适感，难以休息好，而且照顾宝宝的时候动作也不是很便利。棉质的面料舒适度比较好，特别是精梳棉的面料，更加亲肤吸汗，对皮肤没有刺激性，穿起来特别舒适。

内衣要勤更换

产后妈妈的衣服经常被汗液和乳汁弄湿，同时产后排恶露一不小心就会弄脏内裤和被褥。因此产后妈妈的衣物跟用品要经常清洗更换，以免造成细菌感染。妈妈的内裤最好每天都要更换，单独清洗，清洗的时候用开水烫一下，有杀菌的效果。存放时也尽量放在干净通风的位置，有太阳照射最好，可以防止因受潮而滋生细菌。

衣物薄厚适中

月子期间，妈妈的衣着要根据季节及气候的变化做相应调整。不要因为老人说的月子要“捂”而穿着过厚，这样不仅不利于汗液排出，还会增加排汗量，也会增加因脱换衣物而着凉的风险。夏天坐月子也不要贪凉而穿着过少，月子里还是要注意保暖。

柔软宽松、亲肤保暖的衣物是妈妈的首选。

宝宝的衣服要选浅色的

宝宝的皮肤娇嫩，尤其是月子里，一丁点的刺激都可能给宝宝的皮肤造成伤害，所以宝宝的衣物要尽量选用纯天然棉质的。还要注意尽量选择颜色较浅的衣物，以防化学染色过度污染材质。购买时尽量选择正规厂家生产的合格产品，购买之前要看清吊牌上的材质、配料等，选择质地柔软、不含荧光剂的产品。

宝宝：睡得好才能长得好

宝宝在出生之后，每天就是吃奶和睡觉两件事，良好的睡眠是身体发育的基础。如果宝宝的睡眠不好，就会带来很多负面影响，甚至会影响到身体的发育。

宝宝的睡眠质量很重要

睡眠是一个重要的生理过程，很多激素尤其是生长激素是在入睡后分泌的。睡眠也能促进中枢神经系统成熟，让免疫和消化功能完善。因此，良好的睡眠质量可以促进宝宝身体的生长发育。新生儿的生长发育很快，尤其是出生后前几个月，如果睡眠质量不好，除了影响生长发育，也很容易让宝宝情绪不稳定，爱哭闹。

提供良好的睡眠环境

想让宝宝睡得好，首先要为宝宝提供一个良好的睡眠环境。新生宝宝的身体温度自我调节能力较差，尽量选择温暖一点的房间，但是温度不可过高，过高的温度也会让宝宝感觉到不适，反而会影响睡眠。其次，宝宝的房间要注意通风，保证空气清新，还要有充足的光照，但是不要直射，阳光可以起到保暖、杀菌、消毒的作用。

选好婴儿床及床上用品

月子里提倡宝宝不要跟大人同睡，要睡在属于自己的小床上。宝宝几乎一天的时间都是在婴儿床上度过的，所以选好婴儿床很重要。婴儿床的材料尽量选择无毒无害的天然材料，在做工上要精细，不要过于粗糙，以免不小心伤害到宝宝的皮肤。床上用品要选用符合安全标准的材料，尽量选择棉质透气的材料。用之前要清洗干净，不要让尘螨等刺激到宝宝娇嫩的皮肤，引起过敏反应。

夜里不要将房间灯一直开着

为了更好地照顾宝宝，月子里方便观察宝宝，爸爸妈妈可能会一直开着房间里的小夜灯。但夜晚长时间的灯光照射会对宝宝的视力有所损害，而且总是开着灯也会让宝宝昼夜颠倒，不利于宝宝养成良好的作息习惯。建议爸爸妈妈使用感应式的小夜灯，只在需要起床照顾宝宝的时候才打开。

月子餐

银耳百合粥

银耳既有滋阴润肤的作用，又能增强人体免疫力，还可以养胃生津。大米有较好的补益脾胃、补中气的功效，百合则润燥除烦，非常适合产后食用。

原料：大米 50 克，银耳、鲜百合、枸杞子、冰糖各适量。

做法：

1. 大米洗净，用清水泡 30 分钟；鲜百合洗净，掰成瓣。
2. 银耳提前泡发，将根部去掉，去杂质，撕成小朵，洗净。
3. 砂锅加水，放入大米、银耳，大火煮沸后转小火煮至粥黏稠，放入百合、枸杞子继续煮 10 分钟。
4. 出锅前放入冰糖即可。

栗子黄焖鸡

原料： 鸡腿 2 个，栗子仁 50 克，彩椒、葱段、姜片、黄酒、盐、白糖、酱油、油、水淀粉各适量。

做法：

1. 将鸡腿去骨，鸡肉洗净后切块；彩椒洗净、去子、切块。
2. 锅中放油，烧热后放入葱段、姜片爆香，放入鸡块翻炒。锅中加入适量清水，放入栗子、彩椒，再调入盐、酱油、黄酒、白糖，小火炖 1 小时。
3. 鸡肉和栗子熟透后，用水淀粉勾薄芡即可。

干贝炒白菜

原料： 大白菜 200 克，干贝、姜丝、盐、油各适量。

做法：

1. 白菜洗净，切块；干贝洗净，泡发，撕成条。
2. 锅内放油烧热后，倒入干贝、姜丝翻炒均匀。
3. 放入白菜块继续翻炒，出锅前加盐调味即可。

豆腐蛤蜊汤

原料： 鲜海带 50 克，豆腐 100 克，蛤蜊 200 克，葱段、姜片、盐各适量。

做法：

1. 蛤蜊吐净泥沙；海带切段；豆腐切块。
2. 锅内放水，倒入蛤蜊、海带、豆腐、葱段、姜片，大火煮沸后转小火煮 10 分钟。
3. 出锅前加盐调味即可。

妈妈：做好身材管理

到了本周，妈妈的身体状态已经有了很大的改善，状态也明显好了很多。想要恢复以往的美丽，塑造美好的体态，妈妈要对自己的体重进行管理。

健康喝水

水是生命的源泉，也是维持身体运输系统的重要组成部分。水也可以影响人的新陈代谢，当新陈代谢过慢的时候，身体也可能会出现一些问题，比如脂肪的大量堆积而出现肥胖。适当喝水可以使人新陈代谢加快，预防产后肥胖。妈妈最好每天摄入足量的温开水，但是不要饮用久沸或反复沸腾的水，也不要饮用长期存储在暖水瓶里的水。

不要放纵自己的胃

这个阶段，妈妈的食欲会有所增强，哺乳妈妈更是会时常感到饥饿，有可能会不管不顾一味地摄入食物，最后导致食量越来越大，体重猛增。其实只要摄入足够的营养就可以，过多地摄入只会导致脂肪堆积。如果月子里不注意控制体重，很可能危害妈妈的肠胃，也导致出了月子之后难以恢复苗条的体态。

适量运动消耗多余脂肪

产后要科学健身，适度锻炼有益健康。产后运动的目的在于促进身体恢复和预防产后肥胖。妈妈在孕期由于子宫增大而导致腹部皮肤松弛，分娩的过程也会影响骨盆底肌膜等。产后，妈妈会感觉腰腹部像吹气过后的气球一样松弛，适当的运动可以加快产后恢复并且紧致肌肤。所以，妈妈可以在身体恢复状态良好的情况下适当做一些和缓的运动。

合理安排妈妈的餐次

随着长大，宝宝对乳汁的需求越来越旺盛。妈妈为了乳汁分泌充足，会选择多进食，而哺乳过后的妈妈也更容易感到饥饿。所以爸爸要做到合理安排妈妈的餐食及餐次。少食多餐的方法不错，在正餐之间安排加餐，既可以保证妈妈的营养摄入，又不会导致妈妈过于饥饿之后大量进食，给肠胃造成不必要的负担。

宝宝：用自己的方式跟妈妈交流

宝宝出生后就能感知到妈妈的模样，到再大一点的时候，妈妈会发现在自己跟宝宝说话的时候，宝宝会做出一些反应来回应。

与生俱来的感知能力

宝宝从一降生就已经具备感知和认识外界的能力，他能看、能听、能嗅，能尝出各种滋味。只是这些系统还没有发育完善。随着生长发育，宝宝的感官会慢慢变得灵敏。

喜欢爸爸妈妈的声音

宝宝刚出生时，由于耳朵的鼓室没有空气以及有羊水潴留的原因，听力稍差。但在出生后 3~7 天，听力就已经发育得很好了。研究显示，新生宝宝不仅能听到声音，还能够辨别发出声音的方向。如果在他的耳边轻声呼唤，小家伙会把头转向发声的方向，有时还会用眼睛去寻找声源。宝宝听到爸爸妈妈的声音会感到很愉悦，所以建议新手父母有时间多跟宝宝说说话，虽然宝宝还听不懂爸爸妈妈说什么，但他可以感觉到爸爸妈妈对他的关心与重视，这对宝宝未来的心理和性格发展都很重要。

宝宝最爱妈妈的味道

虽然这个时期宝宝的视力还在进一步发展中，但他能够准确地找到自己的妈妈。这是宝宝通过灵敏的嗅觉来完成的。新出生的宝宝嗅觉系统已发育成熟，会对浓烈的气味反应强烈，所以妈妈洗澡、洗头发和护肤时，不要用香味过于浓烈的洗护用品，以免宝宝感到不适。宝宝最熟悉的就是妈妈身上的气味，闻着会很舒服、很安心。

宝宝的触觉很灵敏

宝宝的触觉很灵敏，尤其在眼、口周、手掌、足底等部位，轻轻用手指触碰这些地方，宝宝会出现眨眼、张口、缩回手足等动作。当宝宝哭闹时，妈妈可尝试用温暖的双手轻轻握住宝宝的双手，触碰到妈妈双手的宝宝有可能慢慢平静下来，停止哭闹。

月子餐

香菇炖豆腐

香菇肉质肥厚细嫩，香气独特，营养丰富，是一种药食同源的食物，具有很高的营养、药用和保健价值，与豆腐一同炖煮味道更鲜美。

原料： 香菇 4 个，豆腐 200 克，葱末、姜末、酱油、盐、油各适量。

做法：

1. 豆腐切块；香菇去蒂、洗净，切片。
2. 油锅烧热，倒入葱末、姜末爆香，加入香菇、豆腐翻炒，加一点酱油。
3. 加入适量的水，中火收汁，出锅前加盐调味即可。

酱牛肉

原料：牛肉 500 克，花椒、八角、桂皮、盐、老抽各 10 克，葱、姜各适量。

做法：

1. 葱切片；姜切片。
2. 锅烧热水，放入牛肉焯烫，撇掉浮沫，捞出。
3. 锅中倒入清水，放入牛肉，加盐、老抽、桂皮、花椒、八角、葱片、姜片，大火烧开后转小火慢炖至牛肉软烂。
4. 把牛肉盛出，放凉后切成片即可。

糙米饭

原料：糙米、大米各 30 克。

做法：

1. 糙米洗净，提前用清水浸泡 1 小时；大米洗净。
2. 糙米连同泡米水倒入锅中，加入大米，煮熟即可。

菠菜炒鸡蛋

原料：菠菜 200 克，鸡蛋 2 个，盐、油各适量。

做法：

1. 菠菜洗净，切成段，放入开水锅中焯烫一下，捞出沥干。
2. 鸡蛋打散成蛋液。
3. 油锅烧热，倒入鸡蛋液，快速翻炒成块。
4. 将菠菜放入，一起翻炒均匀，出锅前加盐调味即可。

妈妈：根据季节安排生活细节

每个季节的气候都有差别，不同季节月子期间的护理方式也不同，安排得当，才能让妈妈舒舒服服坐月子。

春季月子护理

春季气候多变，温度忽高忽低，是传染性疾病的多发期。春季坐月子，妈妈和宝宝更要注意温度的变化，以免生病。春季昼夜温差大，妈妈要注意保暖，选择厚度适中的衣物及被褥。多吃富含维生素的水果、蔬菜，防治春季上火及预防感冒。春季风大，室内干燥，必要时要准备加湿器。

夏季月子护理

夏季气候炎热，蚊虫较多，对于坐月子的妈妈来说困扰多多，不过合理安排后也能度过一个舒适的月子。气候炎热，产后本就体虚的妈妈会更容易出汗，出汗后要警惕不要被风直接吹到。要注意多通风，每天开窗开门让空气流通，保持室内有充足的新鲜空气。即使感觉再热也不能吃凉的东西，不可以用凉水洗手洗脸。更不要贪凉，对着空调直吹。洗澡水温度不宜过低，洗完后也不宜吹风。

秋季月子护理

秋季坐月子还是比较舒适的，但秋季天气多变，妈妈同样要注意增减衣物。秋季干燥，月子房要注意维持舒适的湿度，避免妈妈上火引发感冒或咽喉肿痛。妈妈要多喝温开水，保持呼吸道的滋润，也可以让皮肤更水润。

冬季月子护理

冬季寒冷，南方的妈妈要注意保暖，北方虽然室内有暖气，但是也要注意做好保暖工作，不要一时疏忽留下病根。妈妈要根据具体的室温来选择合适的衣服，但一定要穿长裤，以防凉气入侵。注意室内湿度，如果因取暖等因素导致室内干燥，可以考虑使用加湿器。多吃水果，尽量选择温性的水果来食用，从冰箱拿出来的水果要放一会儿再吃。

宝宝：春夏、秋冬护理有重点

和妈妈一样，宝宝出生的季节不同也需要注意不同的护理重点。

春夏两季出生的宝宝

春季是一个万物复苏的季节，与此同时细菌也变得更多。这个时候更要注意家中的卫生，将一些死角清理干净，平时多通风。夏季是蚊虫最活跃的时候，妈妈可以给宝宝准备个小蚊帐用于防蚊，但使用蚊帐时，注意保持蚊帐内的空气流通。

秋冬两季出生的宝宝

秋天相对比较干燥，更要注意宝宝皮肤的护理。宝宝的皮肤本就敏感娇嫩，一不小心就会产生皮肤问题。妈妈可以购买专业的宝宝护肤品，在宝宝洗澡过后，将护肤品温柔地涂抹在宝宝身上，起到滋润的作用。冬季比较寒冷，新生宝宝的体温调节功能尚不完善，自我调节能力差，所以月子房要保持适宜的温度，天冷的时候要给宝宝盖上稍厚一点的被子。

四季都要保持室内良好的通风

不管是哪个季节坐月子都要保持室内良好的空气环境，这要靠适当通风来实现。产后妈妈会大量出汗，如果月子房密闭不通风，不仅不利于汗液的排出和蒸发，还会让室内产生难闻的气味，影响妈妈和宝宝的正常生活。房间空气流通时，要避免直吹妈妈和宝宝，保持温度适宜。

阳光通风的卧室宝宝会喜欢。

掌握不同季节给宝宝洗澡的技巧

宝宝舒舒服服洗个澡，会感觉到浑身轻松，睡觉也更香。爸爸最好在宝宝吃奶之后过一段时间再给宝宝洗澡，这个时间段宝宝不容易有饥饿感，也暂时不会排便。如果是在冬天给宝宝洗澡，一定要注意宝宝的保暖，洗澡之前要开足暖气。

月子餐

核桃莲藕汤

莲藕有收缩血管和止血的作用，对于月子后期还排出红色恶露的妈妈有帮助，可缓解相应症状。核桃含有丰富的二十二碳六烯酸（DHA），可通过乳汁传递给宝宝，强健大脑。

原料：核桃仁 20 克，莲藕 300 克，盐、香油各适量。

做法：

1. 莲藕去皮，洗净，切块。
2. 莲藕和核桃仁同放入砂锅中，加适量清水，用大火煮沸，再改以小火炖煮。
3. 待莲藕软烂后，加入盐、香油调味即可。

玉米青豆羹

原料：新鲜玉米 1 根，青豆、大米各 50 克。

做法：

1. 新鲜玉米洗净，剥下玉米粒；青豆、大米分别洗净。
2. 锅内加水，将所有食材放入，大火煮开后转小火熬至粥黏稠即可。

清蒸多宝鱼

原料：多宝鱼 1 条，姜丝、葱丝、盐、蒸鱼豉油、油各适量。

做法：

1. 将多宝鱼洗净，两面改花刀后放入大盘中，放上部分姜丝、葱丝、盐，倒入蒸鱼豉油。
2. 蒸锅加水烧热后，将鱼放入锅中大火蒸 10 分钟，倒掉蒸出的汁水，弃掉葱姜丝，再将剩余的葱姜丝铺在鱼身上。
3. 另起锅，放油烧热，淋在鱼身上即可。

卤鹌鹑蛋

原料：鹌鹑蛋 250 克，花椒、盐、老抽、桂皮、八角各 5 克，姜、葱各适量。

做法：

1. 葱切片，姜切片。
2. 锅中倒入清水，放入鹌鹑蛋，加盐、老抽、桂皮、花椒、八角、葱片，姜片，大火烧开，小火慢炖至鹌鹑蛋入味即可。

呵护肠胃阶段

本周，妈妈的恶露已经差不多干净，身上清爽了不少。但要注意的是，月子还没有结束，还需要对自己的身体多加呵护，以防疾病侵袭。

由于宝宝可能出现边吃奶边睡的情况，会导致喂奶时间较长，妈妈维持坐姿太久、长时间抱着宝宝哺乳，会造成腰背部、手肘及手腕疼痛不堪。要避免这些酸痛现象产生，就要注意喂奶姿势，喂奶时最好腰背有依靠，手肘下也可放一个支撑垫。平时要多休息，少走动。

妈妈：产后肌肤保养重点

分娩过后，妈妈体内的雌激素和孕激素会有所变化，进而引起身体的一系列变化。此时，妈妈的肌肤相对比较敏感，要注意做好肌肤保养。

面部容易出现斑痕

产后妈妈白皙的脸颊可能出现雀斑、蝴蝶斑、黄褐斑及妊娠斑等。还有些妈妈会在月子里长痘痘，特别是嘴部周围，这些痘痘又红又肿，既影响美观也会造成一定程度的不适。

肌肤保养小妙招

虽然产后肌肤的变化是不可避免的，但合理的护理也可缓解肌肤问题。产后排汗量大又需要哺乳，妈妈身体难免会缺乏水分，此时肌肤保养的重点在于补水。每天保证喝足够的温开水，充足的水分有助于促进新陈代谢，帮助肌肤排除毒素。除此之外，还要注重日常的肌肤清洁。

清淡饮食，保证睡眠

月子里妈妈要积极做好面部护理，合理饮食，远离刺激性食物，多吃清淡的食材。不熬夜，给肌肤足够的休息时间。充足的睡眠可促进肌肤的新陈代谢，有助于皮肤细胞的生长和修复。

烹饪美容养颜的菜肴给妈妈

多种维生素有助于肌肤的恢复，爸爸可以让妈妈重点摄入一些富含维生素 C、维生素 E、胶原蛋白的食物，平时多以新鲜的绿色蔬菜和蛋类、奶类作为月子食材。同时协助妈妈照顾好宝宝，让妈妈得到充足的休息和睡眠，维持肌肤良好状态。情绪也是维持好肌肤的关键所在，爸爸要帮助妈妈减缓产后各种压力，保持健康心态。

宝宝：娇嫩的眼睛需要呵护

在妈妈肚子里时，宝宝所处的环境相对较暗，出生后对外界的光亮要有一定的适应时间。这个时候，呵护好宝宝的“心灵之窗”很有必要，保持眼睛清洁、无分泌物，是妈妈的定期功课。

保持眼部卫生

经历自然分娩的宝宝，可能会在初期有一些眼部红肿的现象，这些都是在分娩时受到分泌物刺激所致。出生1周后，宝宝的眼睛基本适应了外界的环境，但妈妈还是要在月子里注意保持宝宝眼周卫生。给宝宝清洁眼部的时候，要选用灭菌的医用棉签，先把棉签用水打湿再挤干水分，由内而外轻轻擦拭，如过程中遇到分泌物，更换新的棉签来擦拭。洗澡时，不要让浴液进入宝宝眼中造成刺激。此外，宝宝的毛巾要跟大人的分开，以免交叉感染。

眼部异常早发现早治疗

日常生活中妈妈应该在细节上注意，不要让外物伤害到宝宝眼睛。由于宝宝的眼睛发育尚不健全，此时应特别注意预防眼内异物等情况。比如打扫卫生时要及时将宝宝抱开，避免灰尘进入宝宝的眼睛；不要给宝宝带尖刺的玩具等。

不要忽略新生儿斜视

由于宝宝刚出生的时候眼球尚未固定，有时候看起来有一些斜视，这是正常现象。随着宝宝长大，这种情况会慢慢消除。如超过3个月这种情况还存在，应及时到医院就诊。此外，很多父母会给宝宝买一些挂在床上的旋转玩具，玩具发声并转动的时候，宝宝会由于好奇一直盯着转动的玩具，眼睛长时间向中间看，有可能发展成内斜视，也会产生眼疲劳，不利于眼健康。

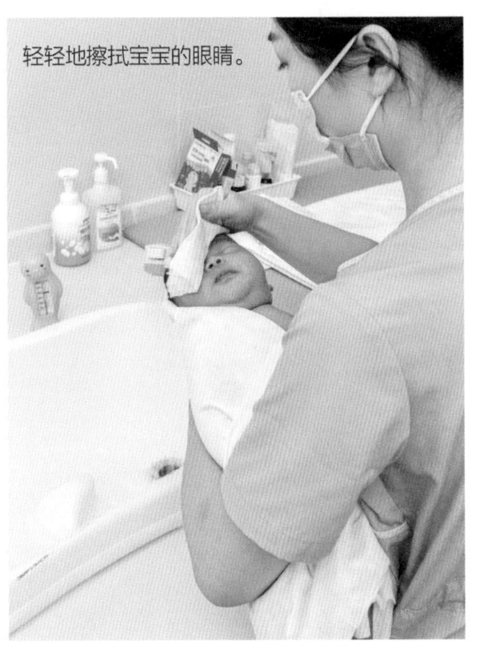
轻轻地擦拭宝宝的眼睛。

月子餐

海苔胡萝卜饭

胡萝卜含有胡萝卜素，可保护视力。海苔富含钙质、铁元素、维生素 A、维生素 C，可补充身体所需的多种营养素，增强抵抗力。

原料：胡萝卜 150 克，大米 50 克，海苔碎适量。

做法：

1. 胡萝卜洗净，切丁；大米洗净。
2. 锅倒入适量清水，放入大米、胡萝卜丁，大火煮沸后转小火，煮至饭熟。
3. 撒海苔碎即可。

大根汤

原料：香菇 4 个，胡萝卜、白萝卜各半根，高汤、盐各适量。

做法：

1. 香菇去蒂、洗净，切花刀；胡萝卜洗净，切成花形片；白萝卜洗净，切成片。
2. 高汤倒入锅中，烧开后，放入香菇、胡萝卜、白萝卜，炖煮 10 分钟。
3. 出锅前加盐调味即可。

韭菜盒子

原料：面粉 300 克，韭菜 200 克，鸡蛋 2 个，虾皮 50 克，盐、油各适量。

做法：

1. 面粉加水揉成面团，醒 20 分钟；韭菜洗净，切碎；鸡蛋打散成蛋液。
2. 油锅烧后，倒入蛋液炒熟，炒散成鸡蛋碎。
3. 将鸡蛋碎、虾皮倒入韭菜中，加适量盐，拌匀成馅。将面团分成小剂，擀成皮，包入馅料，包成盒子状。
4. 下油锅煎至两面金黄即可。

豌豆炒肉

原料：豌豆 100 克，猪里脊肉 150 克，彩椒、葱段、姜片、高汤、水淀粉、盐、油各适量。

做法：

1. 豌豆洗净，放入沸水焯烫 2 分钟，捞出沥干；里脊肉洗净，切丁；彩椒洗净，切片。
2. 锅内倒油，油热下入葱段、姜片爆香，放入里脊丁煸炒至变色。
3. 继续下入豌豆、彩椒煸炒至熟透，加入适量盐、高汤，最后淋入水淀粉勾芡即可。

妈妈：会阴疼痛逐渐消失

这一周，妈妈明显感觉到会阴部肿胀疼痛逐渐消失，心情也随之愉悦，但是不要松懈对伤口的清洁护理。

会阴部位护理

顺产妈妈和剖宫产妈妈月子里都要进行会阴清洁。顺产并侧切的妈妈要对会阴部更为小心呵护。在清洁会阴时，尽量用流动水，因为即使外在的伤口已经愈合，内部可能还没有愈合好，稍不留神就会让细菌入侵。大小便后，建议及时冲洗阴部，以免细菌感染，冲洗完毕后用消毒棉纱轻轻由前向后擦干。

关注剖宫产刀口变化

剖宫产的刀口，在手术后要经历一段时间才能恢复好。产后3周左右，妈妈就会看到刀口的瘢痕增生，这时刀口显得有些难看，局部会呈现紫红色，用手触摸有硬硬的感觉，刀口部位也突出于皮肤表面。这种情况不要担心，产后6个月左右瘢痕会逐渐平软，颜色逐渐变成褐色。但这时的刀口仍旧敏感，阴天下雨或者刀口部位潮湿时都可能发生瘙痒，可听从医嘱用药。

便秘可导致侧切伤口重新裂开

因为直肠跟会阴部位距离较近，产后妈妈如果有便秘的症状，很可能在用力排便的过程中引起会阴扩张，造成伤口裂开。因此，月子里如果遇到便秘的状况发生，千万不可以过度用力，可以慢慢顺时针给腹部做按摩，以促进肠蠕动，帮助排便。妈妈还可以在便秘期间适量服用蜂蜜水来缓解。

适当锻炼加速伤口愈合

为了使会阴尽快恢复，妈妈可以做一些适当的盆底肌肉锻炼，促进会阴部位的血液循环，加速侧切伤口愈合，缓解产后会阴疼痛。如果产后会阴部位持续疼痛并伴有异样分泌物，可能是感染导致，要立即就医。产后注意不要立即提重物，一段时间内尽量避免做下蹲等动作，用力不当可能会导致伤口裂开。

宝宝：频繁打嗝的原因

刚出生不久的宝宝由于横膈膜还没有发育成熟，会经常打嗝，这种现象随着宝宝的成长会慢慢好转并消失。

打嗝属正常生理现象

打嗝是正常的生理现象，宝宝的横膈膜尚未发育成熟，容易痉挛收缩，比如吃奶过快或者受凉吸入冷空气时都会让神经受到刺激，导致膈肌不由自主地收缩，引起打嗝。这种现象在宝宝刚出生的几个月都会有，如无其他不正常的身体反应，妈妈不必过于担心。

腹部胀气打嗝怎么办

有时候由于宝宝吃奶过快或在吃奶时过于用力吮吸不小心吸入空气，会导致腹部胀气。吃完奶后，妈妈不要立刻将宝宝放在床上，应竖着抱一会儿，轻轻拍打宝宝的后背，也可对腹部进行适当按摩，让宝宝把多余空气排出。

适当啼哭可缓解打嗝

如果宝宝一直打嗝，妈妈可适当给予刺激让宝宝停止打嗝。用手指弹一下宝宝的足底，受到刺激的宝宝可能会啼哭。妈妈会发现宝宝哭过之后打嗝有所缓解或停止，这种做法不会伤害到宝宝。

竖着抱宝宝，轻轻拍打。

异常打嗝可能是膈肌疾病

打嗝虽是正常生理现象，但也有些是病理造成的，比如先天性膈肌发育不良，患病的宝宝通常会因为哭泣、吮吸和吞咽过快而打嗝。轻微情况下，打嗝会在几分钟内消失，严重情况下，婴儿会呼吸困难，所以，妈妈要重视宝宝打嗝的状况，仔细观察辨别。

月子餐

山药炒木耳

山药炒木耳是一道清爽可口的养胃菜，木耳具有清肺润肠、滋阴补血、明目养胃等功效；山药具有祛除脾胃湿气的作用，能够增进食欲，有助消化。

原料：山药半根，彩椒半个，木耳、盐、小香葱段、油、葱末各适量。

做法：

1. 木耳提前泡好；山药去皮，洗净，切成菱形片；彩椒洗净、切片。
2. 锅烧热油，放入葱末爆香，放入彩椒翻炒至软后放入山药、木耳。
3. 放一点清水，大火焖 2 分钟后放入盐调味，撒上小香葱段即可。

白萝卜排骨汤

原料： 白萝卜 100 克，排骨 200 克，红枣、姜片、盐各适量。

做法：

1. 排骨洗净，焯烫一下，捞出沥干；白萝卜削皮，洗净，切块；红枣洗净。
2. 将白萝卜、排骨、红枣、姜片一起放进砂锅里，加适量水，大火煮沸后转小火煲 1 小时。
3. 最后加盐调味即可。

虾皮炒西葫芦

原料： 西葫芦 1 个，虾皮、盐、油各适量。

做法：

1. 西葫芦洗净、去皮、切片；虾皮洗净。
2. 锅内倒油，油热后下入西葫芦片翻炒至八成熟。
3. 再下入虾皮翻炒，出锅前加适量盐调味即可。

荸荠炒肉片

原料： 荸荠 150 克，猪肉 200 克，姜末、葱段、酱油、白糖、淀粉、盐、油各适量。

做法：

1. 荸荠去皮后切丁；猪肉切片，加入酱油、白糖、淀粉腌制 10 分钟。
2. 锅中放油烧热，先把姜末、葱段炒香，倒入猪肉翻炒至变色。
3. 放入荸荠翻炒至熟透，出锅前加盐调味即可。

妈妈：月子要坐满 42 天

坐月子是女人一生中改善体质不可错过的时期。身体恢复是个缓慢的过程，不要过早停止坐月子，为以后的健康生活埋下隐患。

坐月子满 42 天的原因

第 31 天，很多妈妈以为自己可以出月子了，其实，科学坐月子应该坐满 42 天，这 42 天又叫产褥期，是产后身体恢复最重要的一个时期。42 天是根据子宫的恢复时间来划定的，妈妈在分娩之后，子宫是受到最大创伤的部位，需要 6 周左右才会基本恢复，而身体的其他器官也会在这个时期适应由孕期到分娩后的变化，这也是月子要坐满 42 天的原因。

坐月子帮助身体恢复

妈妈由于分娩时非常耗损体力，产后气血、筋骨等都较虚弱，这时容易受到风寒的侵袭，需要一段时间的调补。坐月子的目的是在这段时期做适度的运动与休养，进行恰当的食补与食疗，使子宫恢复到生产前的大小，气血经过调理恢复正常。

坐月子有助于生殖系统恢复

妈妈怀孕期间，身体各个系统都会发生一系列的变化。为了适应胎儿的成长，子宫肌细胞增殖、变长，后期随着胎儿逐渐增大，肾脏也略有增大，输尿管增粗，肌张力减低。产后，妈妈的身体器官需要一段时间才能恢复到产前的状态，生殖系统的形态、位置和功能能否复原，很大程度上取决于妈妈坐月子时的调养保健。

不要着急出月子

坐月子是每个女人产后必经的一个时期，在整个妊娠和生产过程中，女性的身体健康受到很大的影响，气血虚亏。月子期间可在充分休息的基础上，摄入丰富的营养，使身体健康尽快恢复。如果月子期间不好好调养，会降低机体的免疫力。

宝宝：远离不科学的满月习俗

老辈人会传授给新手爸妈一些育儿经验，但这些经验不一定有科学依据，一定要根据实际生活情况来判别，不要盲从。

给宝宝剃满月头

宝宝很快要满月了，老人们也开始准备要给宝宝剃满月头了。老一辈人认为胎发发质不好，只有剃过后重新长出来的头发才会又黑又密，其实，这种说法是不科学的。每一个宝宝的发质都有差别，这与营养、遗传等多种因素有关。而给宝宝剃满月头存在一定的风险性，由于宝宝的皮肤特别薄且娇嫩，如果给宝宝剃光头，少了头发的保护，娇嫩的头皮容易受到外界刺激。

新生儿出席满月宴

宝宝举办满月宴是很早就流传下来的传统，家里添了新成员，让亲朋好友都来家里热闹热闹，是亲人对宝宝的一种祝福。宝宝刚出生到满月虽然成长了不少，但相对来说还特别娇小，这时候宝宝大部分时间在睡觉，举办满月宴时，亲朋好友众多，大家都会想去见见宝宝，不仅影响宝宝正常休息，还可能会让宝宝受到惊吓，如果亲友中有患感冒的，还可能传染给宝宝。

宝宝穿多不穿少

有些老人认为，宝宝刚生下来娇弱，需要多穿衣服，免得着凉。宝宝自身的温度调节系统确实没有发育完善，天冷的时候多穿衣服注意保暖是应该的，但是在天气特别热的时候，就不要穿着厚衣服了。如果宝宝穿太多，没有办法调节体温，反而更容易感冒或者捂出痱子。正确的方法是根据温度调节衣物，不要多穿也不要少穿。

尽量不要给宝宝佩戴饰物

宝宝出生时，会有亲友赠送小镯子、长命锁等饰物戴在身上，这种做法是错误的。饰品有可能划伤宝宝皮肤或误食吞咽。而且有些宝宝天生皮肤敏感，对这些饰物也许会产生过敏反应。建议先将饰品收起来，等宝宝大了、懂得规避风险的时候再佩戴。

月子餐

炖牛肉

牛肉含有丰富的蛋白质、脂肪、B 族维生素、烟酸、钙、磷、铁等营养成分。具有强筋壮骨、补虚养血的作用，还能提高机体抗病能力，对产后调养的人在补充失血和修复组织等方面特别适宜。

原料：牛肉 300 克，姜片、葱段、八角、香叶、料酒、酱油、油各适量。

做法：

1. 牛肉洗净，切块，焯水后用清水洗净。
2. 锅烧热油，放入牛肉煸炒，放入姜片、葱段炒至焦黄。
3. 再加入清水、八角、香叶、适量酱油、料酒，大火煮沸后，转小火慢炖 2 小时即可。

时蔬小炒

原料：西蓝花 200 克，胡萝卜 150 克，白芝麻、盐、水淀粉、油各适量。

做法：

1. 西蓝花洗净，掰成朵；胡萝卜洗净，去皮，切成片。
2. 锅中放入清水，煮沸后放入西蓝花焯熟。
3. 锅中放油烧热，放入西蓝花和胡萝卜片翻炒均匀，再加点水炒熟透。
4. 放入盐调味，再调入水淀粉勾芡，撒上白芝麻即可。

红豆紫米粥

原料：红豆 20 克，紫米 30 克，大米 50 克，冰糖适量。

做法：

1. 红豆、紫米分别洗净，提前用清水浸泡 1 小时；大米洗净。
2. 砂锅内放入除冰糖以外的所有食材，加水，大火煮开后转小火慢慢熬至粥黏稠，加适量冰糖调味。

猪肉栗子花生汤

原料：猪瘦肉 100 克，栗子、花生仁、葱段、姜片、盐、油各适量。

做法：

1. 栗子剥壳、洗净；猪瘦肉洗净，切片备用。
2. 锅内热油，放入部分葱段、姜片爆香，下入肉片翻炒至熟透，捞出。
3. 砂锅内放适量水，所有食材放入锅中，加入剩余葱段、姜片，大火煮沸后转小火慢熬 1 小时，加盐调味即可。

妈妈：不同体质有不同调养方法

月子期间要做到科学膳食，不少妈妈在月子里过度补营养，结果却不尽如人意。月子里补养身体固然很重要，但要根据自己的体质科学饮食，才能调养好身体。

寒性体质的妈妈

寒性体质的妈妈一般表现为面色苍白，怕冷或四肢冰冷，口淡不渴，舌苔白，易感冒。寒性体质的妈妈肠胃虚寒、气血循环不畅，再加上生产之后身体消耗较大，体质会变得更加虚寒。应吃较为温补的食物，即食物有温中、祛寒的功效，能够产生热量、增加身体活力，改善妈妈四肢无力、身体怕冷的症状。

热性体质的妈妈

热性体质的妈妈一般表现为面红耳赤，怕热，四肢或手心、足心热，口干或口苦，易长痘等。热性体质妈妈应该在月子里食用一些滋阴润燥的食物。平时要多喝温开水，补充身体所需的水分。由于热性体质的妈妈在月子里较容易上火，可适量食用一些清热的食物，改善体热现象。

平和体质的妈妈

平和体质的妈妈一般表现为不热不寒，舌苔红润，食欲正常。平和体质的妈妈在月子里要注意营养均衡，多吃一些富含维生素和矿物质的食物。

过敏体质的妈妈要格外注意饮食

过敏体质的妈妈在平时生活中就有诸多忌口的食物，生产后身体机能减弱，更需要谨慎选择食材。除了平时过敏的食物不要食用外，一些易过敏的食材最好也不要尝试，以免引起过敏反应。月子是改善体质的良好时机，过敏体质的妈妈要抓住时机调养身体，进行适当滋补，均衡的营养可以调节身体免疫力，增强对过敏原的耐受力。

宝宝：隐秘处易藏污纳垢，注意清洁

宝宝刚出生，娇嫩又脆弱。特别是尚未发育完全的生殖器，抵抗力较弱，更易导致细菌感染。妈妈平时要注意，男宝宝女宝宝护理的方法不同哦。

男宝宝生殖器清洗方法

给男宝宝做清洁时，要注意水温不能过高，37℃左右为宜。宝宝的阴茎和阴囊的组织都十分脆弱，洗澡的时候，新手爸妈要格外注意不要挤压或者捏到宝宝的这些部位。阴囊多有褶皱，容易藏污纳垢，阴囊下也是隐蔽之所，包括腹股沟附近是尿液和汗液常会积留的地方，要着重清洁。

女宝宝生殖器清洗方法

由于生理结构不同，女宝宝的生殖器较于男宝宝更应注重清洁。由于女性的生理结构，尿道口、阴道口与肛门同处于一个相对“开放”的环境中，容易交叉感染。给女宝宝清洗的时候，要从中间向两边清洗小阴唇部分，再从前往后清洗阴部及肛门，一定要将肛门清洗干净，便便中的细菌最容易在褶皱部位积存。妈妈也要注意在给女宝宝清洗时，不要过度清洁内外阴，以免破坏正常的菌群平衡，反而引发感染。

注意观察外生殖器是否正常

妈妈在给宝宝清洗生殖器时，要注意观察宝宝的生殖器是否有异样。有些男宝宝的睾丸在出生一年后，不会自行下降，还停留在腹腔内。发生这种情况时可能是“隐睾”现象，要带宝宝及时就医，及时干预。而女宝宝则要警惕阴唇粘连，即小阴唇粘在一起。阴唇粘连多由炎症或刺激引起，也要及时处理和治疗。

女宝宝在婴幼儿时期也会发生外阴炎症

由于护理不当，女宝宝也会发生外阴炎症，这是由于新生儿卵巢未发育，雌激素分泌少，阴道上皮薄，缺乏阴道杆菌。另外，幼女大阴唇未发育，前庭黏膜轻易暴露在外，易受细菌侵袭，细菌入侵时摧毁了阴道的自然防御性能，阴道就会发生炎症。给女宝宝清洗时，要用温水从前向后洗，最好一天洗一次。

月子餐

猪肝拌菠菜

这道菜含有丰富的优质蛋白质及易被人体吸收利用的铁、钙、锌等矿物质，并含有丰富的维生素 A、维生素 D、维生素 B_{12}、叶酸，妈妈多食可补充铁元素，改善产后贫血等症状。

原料：猪肝 100 克，菠菜 150 克，香菜、蒜末、香油、醋、盐各适量。

做法：

1. 猪肝洗净，切成片，放入清水锅中煮熟，捞出。
2. 菠菜洗净，切段，焯烫一下，捞出沥干。
3. 香菜择洗干净，切段。
4. 把猪肝片、菠菜放入碗中。
5. 盐、醋、香油、蒜末调成调味汁，浇在食材上，撒上香菜段即可。

牛奶鸡蛋羹

原料：鸡蛋 2 个，牛奶 100 毫升，白糖少许。

做法：

1. 鸡蛋加入少许白糖，搅打均匀。
2. 蛋液中注入牛奶，继续搅打均匀。
3. 用细筛网将蛋液慢慢过滤两遍，滤去泡沫。
4. 蛋液放入炖锅中，隔水炖 8 分钟即可。

银耳苹果糖水

原料：苹果 1 个，红枣 4 个，银耳、红糖各适量。

做法：

1. 银耳泡发，洗净，撕成小朵；红枣洗净；苹果洗净，切块。
2. 锅内放清水，放入银耳和红枣，大火煮沸后转小火煲 30 分钟。
3. 放入苹果块，煮 10 分钟，出锅前加入红糖即可。

黄芪陈皮粥

原料：黄芪 10 克，大米 50 克，陈皮 5 克，红糖适量。

做法：

1. 黄芪洗净，煎煮取汁；陈皮洗净；大米洗净。
2. 将大米放入锅中，加入煎煮的黄芪汁液和适量清水，熬煮至七成熟。
3. 将准备好的陈皮放入粥中，同煮至熟，出锅前加红糖调匀即可。

妈妈：高龄妈妈如何坐月子

高龄妈妈是非常辛苦的，不仅受孕比较困难，妊娠期间也比年轻妈妈要经受更多痛苦。分娩后身体更加虚弱，相比于年轻妈妈，出现产后并发症的概率更大。

充分静养，适当走动

高龄产妇由于多种原因，多数选择剖宫产。剖宫产本就比顺产需要更长的休养时间，再加上高龄妈妈身体较为虚弱，所以需要更长时间的静养来恢复身体。要选择适宜的月子环境，不要频繁被外界打扰。既要充分休息，也要适当下床活动。因为分娩后体内的凝血因子有所增加，可促进子宫收缩和恢复，也能起到止血的作用。但如果长期卧床不动，则容易引起血流缓慢，不利于身体恢复。

适宜温补，不要大补

饮食上建议不要产后即大补，因为此时的妈妈可能体虚不受补，要采取温补的方式滋养身体。产后立即大补还容易引起便秘、肠胃不适、痔疮等症状发生。月子里，在保证营养均衡的基础上，可选用如乌鸡、牛奶、鸡蛋、桂圆等温补食物，尽量避免人参、鹿茸等大补之物。

产后抑郁发病率高

生产年龄越大，产后抑郁症的发病率就越高，这和产后体内激素的变化有一定的关系，再加上生活中总有一些不顺心如意的事情发生，高龄妈妈在产后更容易表现出情绪低落、失眠多梦等。妈妈要学会自己调节不良情绪，觉得心情不好时，要积极想办法缓解。可以以“吐槽”的方式发泄情绪，在产生不良情绪时通过给朋友打电话、向丈夫倾诉、向家人寻求帮助、和其他新妈妈交流等方式将坏情绪排解掉。

爸爸需要做的

多替高龄妈妈分担

不少高龄妈妈产后都要经历咳嗽、便秘、抑郁等考验。所以，高龄妈妈的产后护理和调养就显得尤为重要。再加上高龄妈妈身体代谢慢，因此产后恢复过程也较为缓慢。月子里爸爸要帮助妈妈多分担照顾宝宝的责任，也要精心呵护妈妈的身体健康，以免落下月子病。

宝宝：鼻子和耳朵需要悉心呵护

刚出生的宝宝还不太会用嘴呼吸，基本都是用鼻子呼吸的。如果鼻子不通畅，就会阻碍到宝宝的呼吸，造成宝宝哭闹，严重的还会造成宝宝呼吸困难。所以，要保持宝宝鼻孔的通畅，以免给宝宝造成不适感。

温和处理鼻痂

宝宝的鼻子被鼻涕或者鼻痂堵住了，妈妈要及时清理。选用婴儿专用的螺旋状棉签，将棉签用温水打湿，轻轻放在鼻痂部位，待鼻痂充分湿润后，用棉签擦拭出来。如果宝宝的鼻涕很多且黏稠不易清理，可以用专业的宝宝吸鼻器，简单易操作。建议在给宝宝清理鼻子的时候两个人在场，一个人清理，一个人轻轻安抚住宝宝，以免清理的时候宝宝鼻痒乱动，棉签扎伤宝宝的鼻腔。

不要总捏宝宝鼻子

宝宝鼻子的形状跟遗传有很大的关系，有的家长月子里捏宝宝的鼻子，觉得会让鼻梁变高，这不仅不科学，还会给宝宝造成伤害。宝宝的鼻腔黏膜很娇嫩，血管也很丰富，如果常常捏宝宝的鼻子，就会造成鼻黏膜损伤，也会破坏毛细血管，从而降低鼻子的自我防御功能。

耳朵的护理方法

宝宝的耳朵很娇嫩，平时要格外注意。当发现宝宝的耳朵有污垢时，可用清水将小毛巾沾湿，轻轻擦拭宝宝外耳廓，再用小棉签蘸取温水，擦拭内耳廓。宝宝的外耳的皮肤非常嫩，皮下组织很少，不正确的掏耳方式会引发外耳道感染，妈妈要格外注意。

躺着哺乳可能引起宝宝耳朵发炎

有些妈妈为了方便，选择躺着哺乳。宝宝在喝奶的时候一旦奶水溢出，容易流到宝宝的耳道中。所以，妈妈要保持正确的姿势哺喂宝宝，在喂完奶后还要给宝宝拍拍嗝再将其放下，以防宝宝吐出的奶流入耳道，引发炎症。

月子餐

丝瓜鸡蛋汤

丝瓜中含有多种营养元素，能保护皮肤、消除斑块，使皮肤洁白、细嫩。丝瓜还富含维生素 C，具有抗病毒、抗过敏等作用。这款汤品清淡鲜香，适合产后妈妈服用。

原料：丝瓜 100 克，鸡蛋 1 个，盐、油各适量。

做法：

1. 丝瓜去皮，切段；鸡蛋打散，搅匀。
2. 锅内烧热油，下入鸡蛋液，翻炒至八成熟。
3. 锅内加适量清水，煮沸，放入丝瓜，转小火熬煮至丝瓜熟透。
4. 出锅前加盐调味即可。

芝麻拌菠菜

原料：菠菜200克，白芝麻20克，盐、香油、醋各适量。

做法：

1. 菠菜洗净，切段，焯烫一下，捞出沥干。
2. 菠菜段放入碗中，加入适量盐和醋，撒上白芝麻，淋上香油，拌匀即可。

菜心杏鲍菇

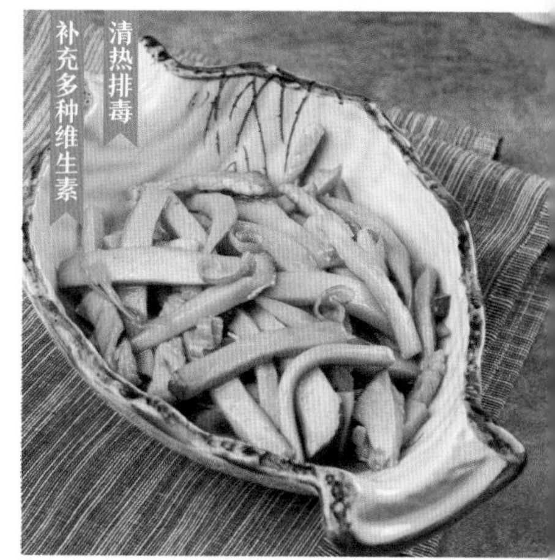

原料：白菜心1个，杏鲍菇1个，葱花、盐、高汤、水淀粉、油各适量。

做法：

1. 白菜心洗净，叶片分开；杏鲍菇洗净，切丝。
2. 油锅烧热，下入葱花爆香，再下入菜心翻炒至略析出汤汁。
3. 继续下入杏鲍菇丝翻炒，加适量盐、高汤，淋入水淀粉勾芡即可。

豆芽排骨汤

原料：黄豆芽100克，排骨200克，盐适量。

做法：

1. 黄豆芽洗净；排骨切块，放入沸水中焯烫一下，捞出沥干。
2. 将黄豆芽、排骨放入锅中，加适量水，大火煮沸后转小火炖至排骨熟烂。
3. 出锅前加盐调味即可。

妈妈：警惕产后尿频的发生

孕期随着胎宝宝的成长，子宫对膀胱的压迫会逐渐增强，使得膀胱的容积逐渐缩小，产生尿频现象。产后随着胎儿娩出，这种现象会停止。如月子期间出现尿频现象，且不是饮用过多汤水导致，要及时就医检查。

查出产后尿频原因

部分妈妈在产后会出现尿频问题。产后大量饮水，尿量自然会增多，排尿次数亦增多，这属于正常现象。但是，也有可能是疾病因素导致的病理性尿频，如尿频伴有其他症状，就要考虑是否是感染造成的。月子里，观察身体变化，如尿频现象没有缓解，需及时就医。

泌尿系统感染可导致尿频

一般来说，泌尿系统感染多与免疫力下降、卫生不良有关，产后妈妈恶露和分泌物较多，持续时间长，很有可能因护理不当造成泌尿系统感染。阴道口与尿道口较近，如果不注意卫生，滋生的细菌很容易从尿道进入膀胱，导致整个泌尿系统的感染。如果尿频的同时伴有疼痛、血尿、发热等症状，要及时就医，不可随便服用抗炎药物，以免耽误病情导致感染加重。

如何缓解产后尿频症状

分娩之后，体内多余的水分会经过肾脏由尿液排出，所以产后几天内，排尿量会有所增加，这是正常现象。加上产后妈妈喝的汤水较多，也会造成尿多，但是这种现象不会持续很长时间。妈妈可适当练习憋尿，这样做既可以促进骨盆底肌肉的恢复，又可以让骨盆底肌的力量增强，预防并缓解产后尿频。

细心关注产后排尿

在生产过程中，膀胱会受到宝宝的挤压，让新妈妈对膀胱胀满的敏感度相对降低，容易产生排尿困难或者尿潴留。而且，妈妈生产过后会出现尿道周围组织肿胀、会阴疼痛等问题，这在心理上会让妈妈害怕排尿，造成排尿困难。产后，妈妈一定要多关注排尿问题，如果排尿障碍一直得不到缓解，需要马上就医。

宝宝：五感越来越灵敏

五感即听觉、视觉、触觉、味觉、嗅觉，这五感在宝宝刚出生时就存在，而且随着宝宝的生长发育，它们也在逐步完善中。

视觉训练

宝宝的视觉在出生后会进一步发育完善，适当的科学训练能够刺激宝宝的视觉发育。颜色的对比会给宝宝视觉带来冲击感，爸爸妈妈可用一些彩色的玩具来逗弄宝宝，这样宝宝的眼睛也会随着玩具移动，强化视觉分辨能力。

听觉训练

给宝宝听悦耳的声音可以刺激听觉，促进智力发育。不同乐器演奏的中外名曲，是训练宝宝听觉能力的好教材，每天固定某个时间，音量适中地播放乐曲，以5~10分钟为宜。妈妈也可以给宝宝哼唱一些优美的歌谣，不仅可以促进宝宝听力发育，还能让宝宝获得良好的情绪。

触觉训练

触觉对于宝宝来说是一种了解外界的有效渠道，轻轻抚摸宝宝，让宝宝感受来自妈妈的温柔触感，是一种良好的触觉训练。也可以适当给宝宝做做全身按摩，轻轻抚摸手指、脚趾，然后轻轻按压，这会让宝宝的末梢神经更敏感、更发达。

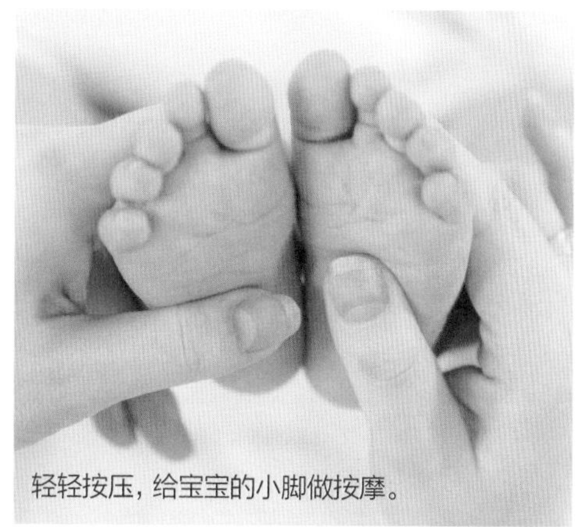

轻轻按压，给宝宝的小脚做按摩。

金牌月嫂经验谈

呵护宝宝的味觉

宝宝一出生就有味觉，出生后不久就能够辨别不同的味道，对甜表示愉快，对于咸的、酸的或苦的会呈现出不开心的表情，会通过噘嘴和不规则的呼吸来拒绝。这就是很多宝宝在喝过奶粉之后就不想喝母乳的原因，因为有些奶粉要比母乳甜，宝宝更喜欢。

月子餐

冬瓜大虾汤

冬瓜利水、促小便，具有消水肿的功效；大虾富含蛋白质和多种矿物质，是月子期滋补的好食材。这道冬瓜大虾汤滋阴润燥、补虚益气、开胃健脾，是产后良好的补养汤羹。

原料：冬瓜 150 克，大虾 6 只，葱段、姜片、盐各适量。

做法：

1. 冬瓜洗净、去皮，切薄片；大虾挑去虾线，洗净。
2. 砂锅内放入冬瓜片、葱段、姜片，加适量水，大火煮沸后转小火。
3. 继续下入大虾小火慢煮，待水再次沸腾，加适量盐调味即可。

平菇二米粥

原料：大米、小米各 30 克，平菇、高汤、盐各适量。

做法：

1. 平菇洗净，焯烫一下，切片。
2. 大米、小米用冷水浸泡 30 分钟，捞出。
3. 锅中放入适量清水，将大米、小米放入，用大火煮沸后转小火熬煮。
4. 加入平菇拌匀，下高汤，调入适量盐，再煮 5 分钟即可。

五谷豆浆

原料：黄豆 30 克，粳米、小米、小麦仁、玉米粒各 10 克，白糖适量。

做法：

1. 黄豆洗净，提前用清水浸泡 4 小时；粳米、小米、小麦仁、玉米粒分别洗净。
2. 将粳米、小米、小麦仁、玉米碴和泡好的黄豆一起放入全自动豆浆机中，加水至上下水位线间，制成豆浆。
3. 待豆浆制作完成后过滤，加适量白糖调味即可。

玫瑰牛奶草莓露

原料：玫瑰花瓣 5 克，草莓 100 克，牛奶 250 毫升。

做法：

1. 玫瑰花瓣和草莓洗净，用榨汁机榨成汁。
2. 将牛奶倒入果汁中，搅拌均匀即可。

妈妈：二胎妈妈坐月子宜忌

二胎政策的开放，让很多家庭迈入“二孩”生活，随着新生命的来临，也迎来了许多问题。二胎妈妈在坐月子时，有一些特别需要注意的事项。

宜照顾大宝的情绪

二胎宝宝的出生，会使大宝的心理发生变化。妈妈不要将重心完全放到二宝身上，要更多关注大宝的生活起居和情绪，让大宝感受到妈妈的爱并没有因为弟弟妹妹的到来而减弱。

不宜过度劳累

生完二胎，妈妈身体恢复较为缓慢，很容易产生疲劳感。环境上，月子期间大宝可能会调皮，妈妈容易休息不好。所以在月子期间除了要好好调养身体之外，还要合理安排时间，不仅要陪伴、照顾好两个宝贝，也要保证自身的休息时间。

宜注意阴道养护

有些要二胎的妈妈年龄偏大，阴道的自洁能力和免疫能力较差，身体功能恢复较慢。因此，要注重阴道卫生，提高免疫力，降低阴道感染风险，不要忽略了对阴道的养护。

大宝、二宝都是宝，妈妈给的爱都不能少。

爸爸需要做的

多帮妈妈照顾两个宝宝

月子期间，爸爸的作用很关键，光靠妈妈自己是应付不来的。而且妈妈需要时间调养自己的身体，不能过于劳累，爸爸要担负起照顾大宝的任务，除此之外，还要协助妈妈照顾二宝，分担妈妈的工作。

宝宝：不肯吃母乳怎么办

有的宝宝不喜欢吃母乳，甚至抗拒吃奶，这种情况下妈妈不要着急，细心观察，找到宝宝抗拒吃奶的原因才能及时解决问题。

身体不适，没有胃口

在宝宝身体不舒服的时候对吃奶比较抗拒，可以查看宝宝是否有鼻塞、呼吸不畅或者口腔破损等问题，这些都会造成宝宝对吃奶比较抗拒。另外，有些疾病也会导致宝宝不肯吮吸母乳，如果是疾病造成的，要及时就医采取治疗。

情绪不佳，哭闹拒绝

有的宝宝是急性子，被抱的姿势不舒服或找不到乳头，都容易导致心情不悦，大声啼哭，从而不愿意吮吸母乳。这时候，妈妈要有耐心，好好安抚宝宝的情绪，宝宝情绪平稳不再啼哭之后再尝试哺乳。

母乳中断怎样恢复哺乳

哺乳期间，妈妈因一些原因短期内不能给宝宝哺乳，用奶粉代替后，再次哺乳的时候，宝宝可能会对母乳有一定的抗拒。这时候妈妈就要更耐心地等待哺乳时机，安抚好宝宝的情绪，及时在宝宝饥饿时满足他，让宝宝对母乳重拾依赖感。

宝宝爱睡觉不爱吃奶怎么办

如果宝宝很爱睡觉，到时间吃奶时需要及时叫醒哺喂。一般情况下，宝宝在月子里都是能吃能睡的，但是如果发现宝宝不爱吃奶且面色不好，可能是宝宝生病了，需要及时就医。

月子餐

黑芝麻拌莴笋

莴笋能增进食欲、通乳利尿、增强抵抗力、预防便秘，对于坐月子的妈妈来说是很有益处的。

原料：莴笋 200 克，熟黑芝麻 25 克，白糖、香油、醋、盐各适量。

做法：

1. 莴笋去皮，洗净，切丝。
2. 锅中放入适量清水，水开后下入莴笋丝，焯熟，捞出沥干。
3. 焯好的莴笋丝放入碗中，放入黑芝麻。
4. 放入适量的白糖、醋、盐、香油，拌匀即可。

黑豆杂粮粥

原料： 黑豆、薏米、大米、糙米各 20 克，莲子、红枣、白糖各适量。

做法：

1. 糙米、薏米、大米、黑豆洗净，提前用水浸泡 2 小时。
2. 将除白糖外的所有食材放入锅中，加入适量水，大火煮开，转小火熬煮 1 小时。
3. 出锅前加白糖调味即可。

海带白菜炖排骨

原料： 海带 100 克，排骨 200 克，小白菜、姜片、葱段、盐各适量。

做法：

1. 海带洗净，切段；排骨洗净、切段，用热水焯一下；白菜洗净，切段。
2. 排骨放入炖锅中，放入姜片、葱段，加适量水，大火煮开，转小火炖 1 小时，加入海带炖半小时。
3. 放入小白菜再炖 15 分钟，出锅前放入盐调味即可。

木耳炒白菜

原料： 泡发木耳 50 克，白菜 200 克，酱油、盐、葱花、水淀粉、油各适量。

做法：

1. 泡发木耳洗净，撕成小朵；白菜洗净，切片。
2. 锅中放油烧热后，放入葱花爆香，倒入白菜片煸炒 2 分钟。
3. 放入木耳继续翻炒，加酱油、盐翻炒均匀，最后用水淀粉勾芡即可。

瘦身减脂阶段

月子的最后一周，随着妈妈身体的恢复，生殖系统也慢慢恢复到了孕前的状态，这时除了照顾宝宝，妈妈也要为出月子做准备。抓紧最后一周调养身体、恢复身材，为今后做个美丽时尚的辣妈打下基础。

妈妈：不要着急“亲密接触”

每天忙于照顾新生儿，夫妻俩少有自己的时间享受二人世界，但想要愉悦尽兴地享受夫妻生活，还需等待时机。

何时恢复夫妻生活

产后很多夫妻都会考虑这个问题。对于顺产的妈妈来说，大概需要10天左右的时间恢复外阴；子宫恢复到产前状态大概需要42天左右的时间；子宫内膜恢复时间较长，需要至少56天的时间。剖宫产的妈妈则比顺产的妈妈要久一点，建议3个月以后再进行适当的性生活。

哺乳期也会怀孕

有些妈妈在产后不会马上来月经，以为不来月经就不会怀孕。哺乳可以刺激脑垂体分泌泌乳素，并通过一系列的反应对卵巢排卵产生一定的抑制作用，因此怀孕概率较小。但是每个妈妈身体情况不一样，怀孕的可能性仍是存在的，不可以存在侥幸心理。哺乳期同房仍要采取适当的避孕措施。

恢复夫妻生活视具体情况来定

性生活不当，有可能造成产褥期感染、发热、出血等症状，对妈妈身体影响很大，可能导致外阴、子宫、子宫内膜细菌感染。过早同房会对妈妈的生殖系统造成二次伤害，因此，月子后第一次同房时间，应根据妈妈自身的恢复情况来安排。

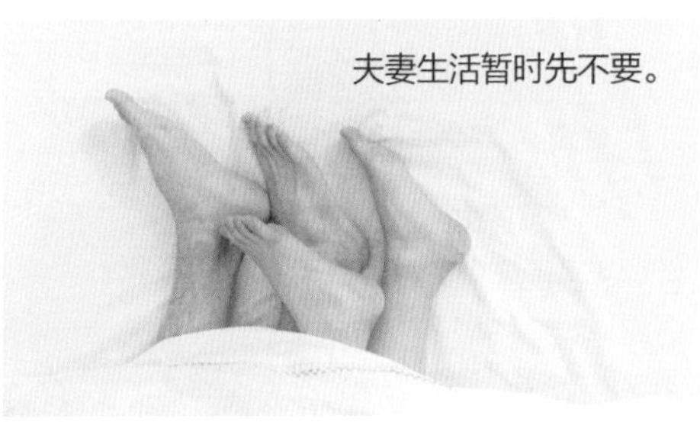
夫妻生活暂时先不要。

建立和谐的夫妻关系

和谐的夫妻关系能够给产后妈妈带来很大的信心跟鼓励。产后妈妈要面对各种生理和心理的变化，夫妻间的恩爱可以让妈妈保持良好的心情，这种情绪也会感染到宝宝，能够让成长发育中的宝宝感觉到家庭的幸福美满。对于夫妻双方来说，月子里的共同努力是加深感情的良好契机。

宝宝：娇嫩的口腔需要悉心呵护

刚出生的宝宝口腔内是很娇嫩的，爸爸妈妈在给宝宝做日常清理工作时要掌握好方法和护理技巧，为宝宝做好口腔卫生防护。

正确的口腔护理方法

刚出生的宝宝口腔内可能会有一些分泌物存在，这是正常的现象。宝宝的口腔需要做好清洁工作，以保证口腔处于健康的状态。在宝宝刚吃完奶的时候，口腔中可能会残留奶液，这时候可以喂宝宝一些温开水，也可以用医用消毒棉签将残留物轻轻擦出。注意不要用纱布进行清理，粗糙的纱布有可能会将宝宝娇嫩的口腔蹭破，破口处容易造成细菌感染。

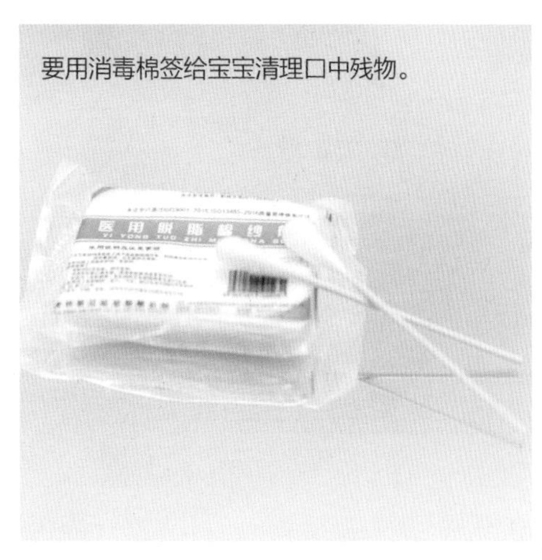

要用消毒棉签给宝宝清理口中残物。

警惕鹅口疮的出现

鹅口疮又名雪口病，是由真菌感染在黏膜表面形成白色斑膜的口腔疾病，新生儿出现此症多由产道感染或因哺乳奶头不洁、污染宝宝口腔导致的。如果宝宝出生不久后，出现不明原因的哭闹并拒绝吃奶，妈妈要仔细观察，检查一下宝宝的口腔是否健康。如果发现舌头或者颊部内侧有成片的雪白的凝状斑片，则要警惕是否为鹅口疮，应及时就医治疗。

如何减少鹅口疮发生

鹅口疮主要是细菌感染导致，妈妈应定时清洁乳房、乳头。非母乳喂养的宝宝所使用的奶嘴、奶瓶要定期消毒，避免将奶嘴放置水中长时间浸泡。洗净后，应放于清洁通风的位置，并定期更换。如宝宝不小心得了鹅口疮，妈妈也不要过于着急，可就医开一些外用药物涂抹。

月子餐

党参乌鸡汤

党参是补血补气的食材，和乌鸡一起炖食能够迅速补充人体气血，滋阴养颜。在产后食用可补气养胃，能促进食欲，补充营养，调理体质。

原料：乌鸡 1 只，党参 5 克，枸杞子、盐各适量。

做法：

1. 党参洗净；乌鸡洗净，切成块。
2. 锅中放入适量清水烧开，放入乌鸡块焯烫一下，去除血沫，捞出沥干。
3. 将乌鸡、党参、枸杞子放入砂锅中，加入适量清水，大火煮沸后转小火煲 2 小时。
4. 出锅前加盐调味即可。

红豆糯米粥

原料：糯米、大米、红豆各 30 克，冰糖适量。

做法：

1. 糯米、大米、红豆用清水洗净，浸泡 2 小时。
2. 将糯米、大米、红豆放入锅中，加入水煮沸后转小火煮 1 小时。
3. 出锅前放入冰糖调味即可。

青椒牛肉片

原料：牛肉 200 克，青椒 1 个，葱段、姜片、盐、水淀粉、油各适量。

做法：

1. 牛肉洗净、切片；青椒洗净，切成块。
2. 油锅烧热后放入葱段、姜片爆香，倒入牛肉快速滑炒至变色，捞出。
3. 锅内留底油，下入青椒翻炒至变软，倒入牛肉继续翻炒至熟透。加入盐调味，用水淀粉勾芡即可。

清蒸大虾

原料：大虾 10 只，葱段、姜片、醋、酱油、香油各适量。

做法：

1. 大虾择除虾线，洗净。
2. 大虾摆在盘内，加入葱段、姜片，上锅蒸 10 分钟左右。
3. 拣去姜片、葱段，用醋、酱油、香油调成汁，供蘸食。

妈妈：适当增加运动量

产后妈妈希望尽快恢复身材，所以急于运动，此时应保持正确心态。运动贵在坚持，良好的锻炼计划才能够帮助妈妈逐步恢复苗条的身材。

坚持科学运动

生完宝宝之后，妈妈可选择产后瘦身操来强健腹部肌肉，以促进子宫的恢复。合理饮食及适度运动是最好的搭配，要制定科学合理的健身计划，循序渐进地进行，不可急于求成。注意产后身体还不能够做剧烈运动，一不留神可能会造成身体上的伤害。

循序渐进做运动

产后，妈妈要根据自身情况进行运动恢复，不要为了完成指标而盲目训练。刚开始选择较简单的热身运动，之后再慢慢增加运动量。运动持续 30 分钟以上可以加快燃脂，妈妈可根据自己的身体感受，平衡运动强度和时间。

选择适合自己的运动方式

科学的产后运动能让妈妈事半功倍。产后运动减肥项目多种多样，妈妈要根据自己身体的情况选择最适合自己的项目，最好是选择小强度、长时间的运动项目。妈妈可以适当进行产后瑜伽，瑜伽不仅可以强身健体、调节生理平衡，还能帮助产后妈妈调节情绪，这对产后身材走形、情绪不佳的妈妈来说是再适合不过的瘦身方法。

适当运动，拥有美好心情。

剖宫产妈妈运动要量力而行

建议剖宫产的妈妈在产后 3 个月内尽量不做大幅度的运动，也不要做器械运动，因为伤口表面虽然已经愈合，但还是很脆弱，不当的动作会导致伤口撕裂、发炎。爸爸可陪伴妻子适当散散步，或者协助妻子做做家务增加活动量，也可以帮助妻子选择一些专业的产后健身操，并叮嘱她量力而行，不要逞强。

宝宝：生病了要如何喂药

现阶段宝宝的体质仍旧较弱，稍有不慎就会生病，很多新手爸妈面对宝宝生病常常手忙脚乱。平时在做好防护工作的基础上学习一些喂药知识，以备不时之需。

宝宝生病不要乱用药

宝宝不是缩小版的成年人，即便生病了也不能吃成年人所用的药物。发现宝宝出现不适或发热，正确的做法是第一时间赶往医院，在医生的指导下用药，切不可盲目给宝宝吃药，以免造成健康风险。

用药注意事项

从医院开回来的药，在给宝宝吃之前一定要仔细阅读说明书或者是遵医嘱。宝宝的各个器官还未发育成熟，如果不按照规格和时间用药，不但病情不会好转，还可能造成器官或内脏受损，所以，爸爸妈妈用药前一定要注意。

给宝宝喂药的方法指导

给宝宝喂药对于新手爸妈来说是很具挑战的一项任务，掌握以下小技巧可以让新手爸妈轻松应对。如果药物是液体的，可以选用软性辅食勺，让宝宝仰头，用小勺轻轻压住宝宝的舌头从舌根处慢慢喂入；如果是液态胶囊，则让宝宝微微仰头，将胶囊扎孔，直接对准宝宝的嘴滴入即可；如果是栓剂，如退热栓之类，则根据说明书调整好宝宝的姿势，洗净双手，慢慢将栓剂推进宝宝的肛门。

喂药后要注意一些细节

因宝宝对药物抗拒，有些新手爸妈将药物混到宝宝的奶中进行喂药，这种做法是不可取的。因为奶中的某些成分可能会降低药效，同时服用也可能会引起不适。小一点的宝宝可能因为异味而拒绝喝奶，这也会对将来的哺喂造成影响。用药结束后观察宝宝是否有过敏反应。一旦宝宝服药后出现任何不适情况，要及时带宝宝就医。如果宝宝吃药后呕吐，暂时不要补充喂药，这样可能会造成剂量过大，危害健康。

月子餐

鱼香肉丝

鱼香肉丝色香味俱全，食材丰富，可补充体内的多种营养物质。猪肉含有丰富的优质蛋白质和必需脂肪酸，能促进铁吸收，改善缺铁性贫血。

原料：猪肉 200 克，青椒 1 个，泡发木耳 50 克，葱末、姜末、淀粉、豆瓣酱、酱油、醋、料酒、白糖、盐、油各适量。

做法：

1. 猪肉切丝，加料酒、淀粉腌制 10 分钟；泡发木耳切丝；青椒洗净，切成丝。
2. 锅烧热油，放入葱末、姜末爆香，加入肉丝翻炒。
3. 倒入青椒、木耳、酱油、醋、白糖 、豆瓣酱翻炒，最后加盐调味即可。

木耳炒鸡蛋

原料：鸡蛋 2 个，泡发木耳 100 克，葱段、盐、油各适量。

做法：

1. 泡发木耳洗净，择成小朵；鸡蛋打散。
2. 锅中放油烧热，将鸡蛋液翻炒至熟，盛出。
3. 锅内留底油，下入葱段爆香，放入木耳略煸炒，再放入鸡蛋炒匀。
4. 出锅前加盐调味即可。

清炒口蘑

原料：口蘑 100 克，葱花、高汤、盐、水淀粉、油各适量。

做法：

1. 口蘑洗净，切片。
2. 油锅烧热，下入葱花爆香，倒入口蘑片翻炒至口蘑变软，加入适量盐、高汤。
3. 出锅前淋入水淀粉勾芡即可。

青菜香菇魔芋汤

原料：青菜 100 克，鲜香菇 4 个，魔芋 50 克，盐适量。

做法：

1. 青菜、魔芋分别洗净，切片；香菇洗净，切花刀。
2. 锅中放水烧热后，放入香菇、魔芋煮 5 分钟。
3. 加入青菜煮 2 分钟，出锅前加盐调味即可。

妈妈：产后瘦身急不得

到了最后一周，妈妈身体状态越来越好，很多妈妈看着自己仍旧臃肿的身材感到很着急。但此时仍不能贸然采取不适当的手段进行减肥。

产后瘦身忌吃减肥药

新妈妈千万不要为了瘦身就盲目地吃减肥药、喝减肥茶，这样不仅对自己的身体恢复不利，减肥药的某些成分还会随着乳汁进入到宝宝体内，危害宝宝的健康。即便是不哺乳的新妈妈，因为产后身体比较虚弱，也不可盲目、自行吃减肥药瘦身。最好的办法是进行饮食管理，并辅助适量的运动。

产后瘦身不宜节食

产后 42 天内，新妈妈不要盲目地通过节食而减肥。孕期和产后增加的体重主要为水分和脂肪，对于哺乳的妈妈，孕期增加的脂肪可以分解到乳汁中。只要坚持哺乳，就是一种很好的“减肥”方式。刚刚生产完的新妈妈，身体还未恢复到孕前的状态，加上哺乳的重任，正是需要补充营养的时候，此时如果强制节食，不仅会导致身体恢复慢，还有可能引起产后并发症，并影响乳汁的分泌，导致宝宝营养跟不上。

哺乳妈妈可以合理安排饮食，做到既保证自己和宝宝的营养需求，又避免营养过剩。营养方面不要只吃荤菜，要荤素搭配着吃。进餐时先喝些清淡的蔬菜汤，可以增强饱腹感，避免营养过剩。妈妈只要在平时的饮食中有意识地摄入优质蛋白质、多种维生素和矿物质，适量摄入脂肪和富含碳水化合物的食物即可。

陪伴妈妈一起做运动

在妈妈身体状况允许的情况下，顺产后第一天就可以做和缓的运动。运动对妈妈子宫和身体机能的恢复比静卧在床更有帮助。到快出月子的时候，爸爸可以根据妈妈的身体恢复程度督促妻子每天定时运动，不仅能帮助减肥，更能使心情愉悦。但爸爸要注意，此时妈妈的身体还没有完全恢复，运动时最好有人陪同在侧。

宝宝：喜欢爸爸妈妈的抚触

每天花一些时间来给宝宝做抚触，轻轻按摩宝宝的肌肤，可促进血液循环、加快新陈代谢，有利于宝宝的生长发育。不仅如此，这项活动还可以增加亲子之间的感情。

抚触按摩让宝宝更舒适

通过触摸新生儿的皮肤，可以刺激宝宝感觉器官的发育，促进宝宝的成长、强化神经系统的反应，这对宝宝来说也是一次通过皮肤感受外界刺激的过程。抚触还对宝宝情绪有帮助，对容易哭闹的宝宝是很好的安慰。

做好准备工作

应该选择温暖、宽敞、宝宝熟悉的地方，温度控制在28℃左右，房间内注意不要有直吹风。可以选择一些专业的抚触油，适当涂抹抚触油可减少因摩擦而对宝宝皮肤产生的伤害。推荐天然成分的抚触油，也可用可食用的橄榄油、葵花子油、椰子油来代替。妈妈可以在抚触之前先取一点对宝宝进行过敏测试，如无过敏反应再使用。

抚触注意事项

在进行抚触时，妈妈应先温暖双手，将抚触油倒在掌心，用手搓均匀，不要将油直接倒在宝宝身上，而且抚触时要避开宝宝的眼部。手法从轻开始，慢慢增加力度，以宝宝舒服为宜，抚触时可边按摩边与宝宝说话，或放一些轻音乐让宝宝听。

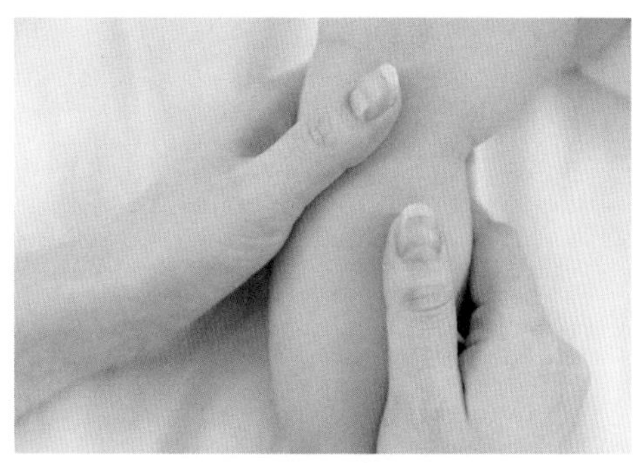

宝宝抚触按摩益处多多

新生儿抚触除了能增进亲子关系，促进宝宝大脑发育，还会促进宝宝的消化吸收和排泄。在给宝宝进行腹部抚触时，轻轻按压摩擦会促进宝宝肠激素的分泌，减缓腹胀、腹痛、便秘等症状。经常给宝宝做抚触，在促进皮肤血液循环的同时也增加了皮肤的抵抗力，并使全身肌肉得到舒展。

月子餐

鸡肉香菇汤面

鸡肉可以增强妈妈的抵抗力，对产后疲劳、产后贫血虚弱有一定的缓解作用。面条好消化，不会给妈妈的肠胃增添太多负担。

原料：熟鸡肉 200 克，面条 150 克，鸡汤 500 毫升，干香菇 4 个，油菜、盐各适量。

做法：

1. 熟鸡肉撕成鸡丝；香菇泡发、洗净，去蒂，切块；油菜洗净。
2. 面条煮熟，捞出过凉水，沥干，盛入碗中。
3. 鸡汤大火煮开，下入香菇与鸡丝，再次煮沸后转小火，煮至香菇熟透，放入适量的盐和油菜。
4. 将锅内的食材带汤汁一起淋到面条上即可。

莴笋木耳肉片

原料：猪五花肉 200 克，泡发木耳 50 克，莴笋半根，姜片、蒜片、盐、油各适量。

做法：

1. 莴笋洗净，切片；五花肉切片；泡发木耳洗净，择成小朵。
2. 锅中放油烧热，放入姜片、蒜片爆香，加入肉片翻炒至变色。
3. 再加入莴笋、木耳翻炒，加一点水，等汤汁收干，加盐调味即可。

杏仁豆浆

原料：黄豆 50 克，杏仁 10 克，松仁 5 克，冰糖适量。

做法：

1. 黄豆用清水浸泡 4 小时，捞出洗净。
2. 将黄豆、杏仁、松仁放入豆浆机，加水启动。
3. 榨好后加适量冰糖搅拌均匀即可。

奶油蘑菇汤

原料：口蘑 100 克，洋葱、奶油、盐各适量。

做法：

1. 口蘑、洋葱分别洗净、切丁。
2. 将奶油放入锅中融化后，加入洋葱丁炒香，放入口蘑丁，加适量水，倒入榨汁机中，打成泥状。
3. 将洋葱口蘑泥倒入锅中，大火煮沸后改小火煮 3 分钟，待汤汁变得浓稠，加盐调味即可。

妈妈：素颜也很美

爱美的妈妈在出门时，会想要画着精致的妆容、踩着漂亮的高跟鞋。但此时，妈妈还不适合化浓妆，高跟鞋对妈妈的骨骼恢复也没有帮助。等到身体恢复后再靓妆出行吧。

产后素颜，靓丽出行

妈妈身上的气味会让宝宝感觉到亲切愉悦，如果过多使用化妆品，会让妈妈的气味改变，有的宝宝会因此烦躁不安。而且新生宝宝皮肤细嫩、血管丰富，经皮肤可吸收多种物质。妈妈与宝宝接触时，化妆品会转移到宝宝皮肤上，日积月累，会对宝宝的健康造成一定的影响。因此产后妈妈暂时不要使用化妆品。

月子期不宜穿高跟鞋

产后妈妈身体还没有完全恢复到产前的水平，分娩后的骨盆及关节韧带还处于松弛状态，如果穿高跟鞋，身体大部分的压力都集中在前脚掌，会引起足部疼痛，穿高跟鞋的姿势还会让骨盆前倾，影响恢复。所以，建议妈妈不要过早穿高跟鞋。

哺乳期不染发

妈妈产后暂时不要染发。哺乳期脱发是新妈妈最头痛的事情，这时候染发、烫发可加重脱发。染发剂是一种化学物质，可能会通过表皮吸收。哺乳期的妈妈还要哺喂宝宝，不能确定是否对宝宝有影响。妈妈每天都要和宝宝在一起，头发也会接触到宝宝，宝宝的皮肤比较娇嫩且防御力差，染发所残留的化学物质可能会导致宝宝过敏。所以爱美的妈妈这个时候为了宝宝着想，还是尽量不要染发。

选用安全温和的护肤品

妈妈虽然不宜化妆，但日常护肤还是要坚持进行的。此时，妈妈应该选用安全温和的护肤品或专门为产后妈妈准备的肌肤保养品，避免味道过于浓烈或者含有大量刺激性物质，否则对妈妈自身和宝宝健康会造成不良影响。

宝宝：人工喂养要投入更多关爱

当妈妈因某些原因不能哺乳，或乳汁分泌不够，这时就需要进行科学的人工喂养。配方奶粉同样能够满足宝宝生长发育所需。妈妈不要因乳汁不足愧疚担心，安心坐好月子，给宝宝足够的爱。

挑选适合宝宝的奶粉

人工喂养最重要的是给宝宝挑选一款合适的配方奶粉。首先要根据月龄选择不同阶段的奶粉，即0~6个月为Ⅰ段、6~12个月为Ⅱ段、12~36个月为Ⅲ段，以此类推。另外，要根据宝宝不同的体质来选择相应类型的奶粉，比如宝宝如果乳糖不耐受，更适合无糖型配方的奶粉。妈妈还要选择大品牌、正规厂家的产品，以保证质量安全。

挑选合适的奶瓶并正确调配奶粉

建议小宝宝用玻璃奶瓶，因为玻璃奶瓶更好清洗，不容易藏污纳垢。对于奶嘴的选择，正规厂家会规范奶嘴使用月龄，妈妈可根据建议购买。在冲调奶粉的时候，妈妈要严格按照配比冲调，注意水温适宜，不要烫到小宝宝。取完奶粉后，要将奶粉盒子封住盖紧，以免受潮无法食用。

奶具一定要定时严格消毒

奶具直接接触宝宝口腔，一定要做好消毒工作，以免细菌入口导致生病。日常清洁建议购买奶瓶专用清洗剂，每次宝宝喝完奶之后，滴入奶瓶清洗剂，用奶瓶刷里里外外将奶具刷干净，清除奶瓶内残渣，奶嘴也要注意清理。玻璃制的奶瓶还可以投入沸水中消毒，大火煮沸5~10分钟即可，奶瓶盖、奶嘴等煮5分钟左右，之后晾干备用即可。

妈妈最好亲自给宝宝喂奶粉

相信每个妈妈都希望宝宝能够喝自己的乳汁长大，但是一些特殊的原因让妈妈不得不停止哺乳甚至放弃哺乳。这不代表妈妈没办法传达对宝宝的母爱，即便是人工喂养，妈妈也可以亲自喂宝宝喝奶粉，用实际行动让宝宝感知到妈妈的爱。

月子餐

鸡肝粥

鸡肝粥中含有丰富的蛋白质、脂肪、碳水化合物、钙、磷、铁及维生素 A，适用于产后肝血不足所致的头目眩晕，视力下降，眼目干涩及缺铁性贫血等。

原料：鸡肝 5 个，大米 50 克，香葱丝、姜末、盐各适量。

做法：

1. 鸡肝洗净，切碎；大米洗净。
2. 鸡肝碎与大米同放锅中，加清水适量，大火煮沸后转小火煮至粥稠。
3. 出锅之前调入香葱丝、姜末、盐，再次煮沸即可。

洋葱炒牛肉

原料：牛肉 150 克，洋葱 100 克，葱、姜、盐、酱油、油各适量。

做法：

1. 牛肉切片；洋葱洗净、切片；葱切末、姜切片。
2. 油锅烧热，下入姜片爆香，再下入洋葱片翻炒。
3. 继续下入牛肉翻炒至变色，加一点水和酱油，待牛肉熟透，加盐调味，撒少许葱末点缀即可。

芒果蛋奶布丁

原料：芒果 1 个，鸡蛋 1 个，牛奶 150 毫升。

做法：

1. 芒果切成小丁。
2. 鸡蛋打入碗中，加入牛奶搅拌均匀。
3. 锅内水开后，隔水放入鸡蛋牛奶，中火蒸 8 分钟，出锅后将芒果块放在布丁上即可。

香菇油菜

原料：油菜 100 克，香菇 5 个，盐、葱花、姜末、水淀粉、油各适量。

做法：

1. 油菜洗净，从中间对半切开。
2. 香菇泡发后，去蒂，切成块。
3. 锅内烧热油，将葱花、姜末爆香，放入香菇、油菜煸炒，炒至香菇熟透后，用水淀粉勾芡，加盐调味即可。

妈妈：改善阴道松弛

产后妈妈会出现不同程度的阴道松弛，这不仅会影响夫妻生活的质量，严重的还会影响女性的健康。妈妈要进行适当的运动使阴道恢复紧致。

产后为什么阴道松弛

妈妈在生产时，盆腔的肌肉和韧带都会为宝宝出生做好准备，在激素的作用下充分延伸。当胎头进入骨盆时，盆底的肌肉和筋膜以及相关的支持构造会受到不小的压迫，致使支持子宫的各个韧带也遭到牵拉，导致阴道松弛。如果遇到产程时间长、不顺利的状况，还可能导致盆底的肌肉和筋膜撕裂，增加了阴道恢复的难度。

阴道松弛的危害

阴道松弛有可能导致女性内分泌失调，从而出现卵巢功能衰退的情况，也有可能造成阴道炎反复发作，其症状一般表现为下阴瘙痒以及白带异常。阴道松弛也会使得阴道壁不能紧贴，阴道经常处于开口状态，容易侵入细菌导致感染，妇科病也可能相继而至。而且阴道松弛容易造成尿失禁，由于阴道前壁膨出，或者膀胱膨出，当膀胱充盈、大笑或者大喊时腹压增高，就可能引发漏尿。

科学锻炼增加阴道紧致度

妈妈不要为产后阴道松弛过度担心，阴道本身有一定的修复功能，加之做一些针对性锻炼，如缩肛运动等，都可以帮助妈妈增加阴道紧致。比如仰躺在床上，紧闭尿道、阴道及肛门，模拟尿急时无法上厕所时的闭尿动作，持续收缩肌肉几秒钟后再放松，反复进行。坚持锻炼，有助于恢复阴道紧致。

正视产后尿失禁

不管是顺产还是剖宫产，都有可能因为盆底肌恢复不良而导致尿失禁。妈妈要正视尿失禁，可以进行盆底肌锻炼，如果还是无法得到缓解，建议到医院进行盆底治疗，包括非手术治疗和手术治疗。

宝宝：夜里总是哭闹不安

有些宝宝白天好好的，可是一到晚上就烦躁不安，哭闹不止，人们习惯上将这种现象称为“夜啼”。这是新生宝宝常见的睡眠障碍。

夜啼影响宝宝发育

新生儿的生长激素在晚上熟睡时分泌量较多，从而促使身高增长。若是夜啼长时间得不到纠正，新生儿的身高增长速度就会变得缓慢。所以宝宝一旦夜啼，爸爸妈妈应积极寻找原因并及时解决，以免影响宝宝的生长发育。

夜啼的原因

1. 宝宝的尿布湿了或是包裹得太紧，被褥太厚或太薄，都可能导致宝宝不舒服，导致啼哭。对于这种情况，妈妈要及时调整宝宝的睡眠环境，帮助宝宝踏实入睡。

2. 有些宝宝黑白颠倒，白天呼呼大睡，到了晚上便没有了睡意，这种情况妈妈要及时加以引导，白天的时候多陪宝宝玩一会儿，到了晚上宝宝累了，自然会有睡意。

3. 有的宝宝可能是生病了，身体不适，导致夜晚不能安稳睡觉。如果排除了睡眠环境、黑白颠倒等因素，妈妈要留心宝宝是不是病了，及时带宝宝去医院就诊。

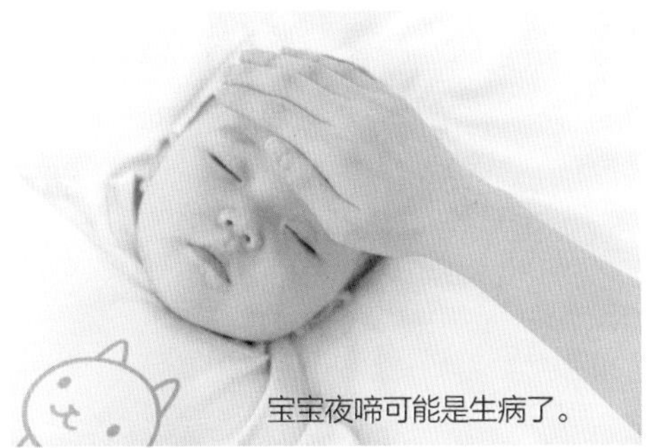

宝宝夜啼可能是生病了。

睡眠环境对宝宝很重要

宝宝夜晚哭闹可能是对睡眠环境不适应，比如室内温度过高或过低，还有的可能是室内灯光刺到了宝宝的眼睛，所以晚上不建议整夜开灯，如果为了照顾宝宝方便，可以安装一个小夜灯，随用随开，避免影响宝宝的睡眠质量。

月子餐

胡萝卜炖牛肉

牛肉富含优质蛋白质，具有补气血的功效，搭配胡萝卜可健脾消食。胡萝卜含有大量胡萝卜素，可以保护眼睛，防止皮肤干燥、粗糙。

原料：牛肉 300 克，胡萝卜 200 克，葱段、姜片、盐、油各适量。

做法：

1. 牛肉洗净、切块；胡萝卜洗净、去皮，切块。
2. 锅内热油，下葱段、姜片爆香，放入牛肉翻炒至变色，加入水大火煮沸。
3. 转小火炖 30 分钟，放入胡萝卜块，再炖 20 分钟，出锅前放盐调味即可。

金汁鱼片

原料：鱼肉 300 克，南瓜 200 克，葱段、姜片、葱末、料酒、盐、油各适量。

做法：

1. 鱼肉切薄片，用葱段、姜片、料酒、盐腌制 10 分钟。
2. 南瓜去皮，切块，上锅蒸至软糯，碾成泥。
3. 锅中放油烧热，放入鱼片炒至八成熟，加入清水至没过鱼片。将南瓜泥放入锅中一起熬煮，出锅前撒上葱末即可。

红小豆山药粥

原料：红小豆、薏米各 30 克，山药 50 克。

做法：

1. 红小豆、薏米分别洗净；山药去皮，切块。
2. 红小豆和薏米放入锅中，加水煮沸，转小火煮 1 小时。
3. 将山药块倒入粥中，继续煮 10 分钟即可。

炝炒藕片

原料：藕 1 节，干辣椒、葱花、蒜末、醋、盐、油各适量。

做法：

1. 藕去皮、洗净，切成片。
2. 锅中放油烧热，爆香干辣椒、蒜末、葱花，加入藕片大火快速翻炒。加一点儿醋和水，将藕片炒至熟透。
3. 出锅前加盐调味，撒上葱花即可。

妈妈：走出房间呼吸新鲜空气

妈妈的身体已基本恢复，天气晴朗的时候，可以走出房间呼吸新鲜空气，让心情好好放个假。这样有助于妈妈缓解产后不良情绪，预防产后抑郁的发生。

天气晴朗晒晒太阳

散步可以使大脑皮层的兴奋、抑制和调节过程得到改善，从而产生消除疲劳、放松、镇静、清醒头脑的效果。不仅如此，散步时由于腹部肌肉收缩，呼吸略有加深，膈肌上下运动加强，加上腹壁肌肉运动对肠胃的“按摩作用”，肠胃蠕动增强，消化能力提高。还能调节心情，让思绪开阔，对妈妈的身体恢复益处多多。

合理安排外出时间

妈妈可以外出到室外散步，但不要过于疲劳。如果行走的时间比较长，或者外出比较劳累，没有得到适当休息，可能会出现子宫脱垂、阴道壁脱垂等症状，影响产后恢复。正确的做法是，当身体感觉疲倦时马上坐下来休息，以身体可接受程度为衡量，在户外散步的时间从短到长，不要一下子活动太久让身体吃不消。

注意防寒保暖

月子期间外出时要注意保暖，如果天气比较恶劣，尽量减少户外活动。妈妈在月子期间身体抵抗力比较弱，受风之后容易感冒，尽量在外出时穿长衣长裤。另外，要选择较柔软的鞋子，在保证舒适度的同时又能保护妈妈的脚部。对脚踝、头部等容易受风的部位做好保暖，切不可一时大意落下病根。

爸爸需要做的

陪妈妈出去享受休闲时光

爸爸可以选择一个晴朗的天气，陪妈妈到户外散散步。散步时宜从容和缓，不宜匆忙，更不要让琐事充满头脑。妈妈要注意舒展身体，让自己更好地投入到这个过程中，产后恢复要保持积极轻松的心态。

宝宝：可以到户外晒晒太阳

老一辈的观点认为宝宝太娇小，不宜到户外活动，其实这种观点不完全正确。在宝宝身体状况允许、户外温度适宜的情况下，带宝宝外出晒太阳更有利于宝宝的生长发育。

带宝宝到户外的好处

只要新生宝宝身体健康，在天气温和、无风的情况下，出生 1 周后就可以去户外。不过，由于新生宝宝还很娇弱，到户外晒太阳的次数和时间要注意循序渐进。晒太阳有助于宝宝对母乳或奶粉中所含的钙质进行吸收，有助于骨骼的生长。另外，适当到户外活动还能增强宝宝的免疫力，加强宝宝的抗病能力。

冬春季节满月后再出门

夏秋季节舒适温暖的天气，家人可带宝宝到户外活动。但冬春季节，最好过完满月后再带宝宝出门。每次出门活动时间可从 5 分钟起，然后逐渐延长，每日两次，待宝宝对外界环境逐渐适应后，再增加次数和时间。

户外活动时间随季节调节

户外活动时间可根据季节调整，夏季可在上午 10 点前、下午 4 点后，春秋两季可在上午 9 点后到下午 3 点前，冬季可选择正午最温暖的时候。带宝宝外出晒太阳时，注意不要让阳光直射宝宝的面部尤其是眼睛，否则会给宝宝造成视力损伤。

带宝宝到户外晒太阳

妈妈身体不适或比较劳累的时候，带宝宝到户外活动的任务应当由爸爸主动承担。在天气暖和的时候，爸爸可以给宝宝穿上暖和舒适的衣服，再给宝宝戴一顶小帽子，出门活动一小会儿。在抱着宝宝时，要多跟宝宝说说话，建立良好的父子关系。

月子餐

菠菜魔芋虾汤

菠菜的铁和叶酸的含量很高，可以预防缺铁性贫血；魔芋属于一种高纤维低热量的食物，食用后有饱腹感，是减肥的理想食品，搭配虾仁，补充优质蛋白质，均衡营养。

原料：大虾 5 个，菠菜 100 克，魔芋 50 克，葱段、姜片、盐、油各适量。

做法：

1. 大虾洗净、去虾线；菠菜、魔芋洗净，切段。
2. 锅中放油，待油烧至五成热时，下入姜片、葱段爆香，放入大虾炒至变色。
3. 加入适量清水，加入魔芋，用小火煮 20 分钟。
4. 下入菠菜段再次煮沸，出锅前加盐调味即可。

芦笋炒肉丝

原料：芦笋 100 克，猪肉 200 克，葱丝、姜片、红椒圈、盐、水淀粉、黑胡椒碎、油各适量。

做法：

1. 猪肉切片，放入碗中，加盐、水淀粉拌匀，腌制 10 分钟。
2. 锅中倒油烧热后，爆香葱丝、姜片、红椒圈，将肉片放入翻炒至变色。
3. 加入芦笋继续翻炒，加一点水，炒至芦笋熟透，出锅前加盐、黑胡椒碎调味即可。

牛肉萝卜汤

原料：牛肉 200 克，白萝卜 150 克，酱油、葱段、姜片、盐各适量。

做法：

1. 白萝卜去皮，洗净，切块。
2. 牛肉洗净，切块，放入碗内，加酱油、葱段、姜片腌制 30 分钟。
3. 锅内加水，下萝卜块、牛肉块大火煮沸，转小火煮至牛肉熟烂。出锅前加盐调味即可。

火龙果酸奶汁

原料：火龙果 1 个，酸奶 200 毫升，柠檬 1 个。

做法：

1. 火龙果去皮，切块；柠檬去皮，榨成汁；酸奶提前从冰箱取出，放至常温。
2. 将柠檬汁倒入搅拌器中，再加入火龙果块搅打均匀，盛入杯中，浇入酸奶，吃时拌匀即可。

妈妈：别忽略产后检查

经过 42 天的产后调理，新妈妈终于出了月子，产后 42 天复查，给身体做一个全面的诊断，如果检查结果满意，那么“辣妈”之旅即将开启！

检查前的准备

产后检查的时间通常在产后 42~56 天。顺产妈妈在 42 天后检查，剖宫产妈妈在 56 天后检查。妈妈要提前带齐相关证件，由家属陪同前往医院。另外，产后妈妈还比较虚弱，排队的时候可能人多拥挤，容易导致不适，建议由家属去排队或者提前预约挂号。

产后检查有哪些项目

体重检查

体重测量可以监测妈妈的营养摄入情况和身体恢复状态，提醒新妈妈注意保持营养均衡、坚持科学运动，促进身体全面恢复。

血压检查

血压是基础检查，建议妈妈在进行血压检查前 30 分钟不要进食也不要憋尿。

血、尿常规检查

产后生理系统及免疫系统都处于恢复变化期，容易引发感染，给各种疾病可乘之机，通过血、尿常规检查可以检测新妈妈身体各系统的运作情况。

盆底检查

盆底肌检查主要是检查骨盆底、肛门组织的恢复状况，如果恢复不好可适当进行盆底康复锻炼，促进盆底松弛的肌肉收缩，恢复肌肉的张力和弹性，治愈尿失禁等问题。

妇科检查

妇科检查主要针对妈妈的会阴、产道、盆腔器官等，确定产后妈妈妇科方面的恢复状况。

腹部检查

进一步了解妈妈子宫复位的情况。这项检查对于剖宫产妈妈很重要，通过触摸、观察等方式判断子宫及腹部伤口是否有粘连等状况发生。

宝宝：跟着妈妈一起做检查

宝宝来到这个世界上已经 42 天了，经过了从胎儿到新生儿再到婴儿的重要转变时期，也是宝宝从母体过渡到外界独立生活的关键适应期。新手爸妈缺乏养育经验，可能导致小宝宝出现各种状况，进行全面检查很有必要。

宝宝检查的必要性

宝宝的很多生长发育功能是在后天完成的，所以刚出生后第一两个月是非常关键的时期。42 天后对宝宝各项身体指标进行评估检测是必不可少的。

宝宝需要检查的项目

身高、体重检查

宝宝出生后身高增长 3~5 厘米属正常范畴；正常情况下，体重增加 2 千克左右。这项检查是衡量宝宝身体发育和营养状况的重要检查。

头围、胸围检查

宝宝的头围反映出宝宝的脑发育状况，胸围大小可判定宝宝胸部发育状况。女宝宝的增长速度会略低于男宝宝的增长速度。

心肺功能检查

这项检查主要是检查宝宝的心率、心音和肺部呼吸是否正常。

脐部检查

检查宝宝的脐部愈合状况，看看宝宝是否存在疝气、胀气、肝脾肿大等问题。

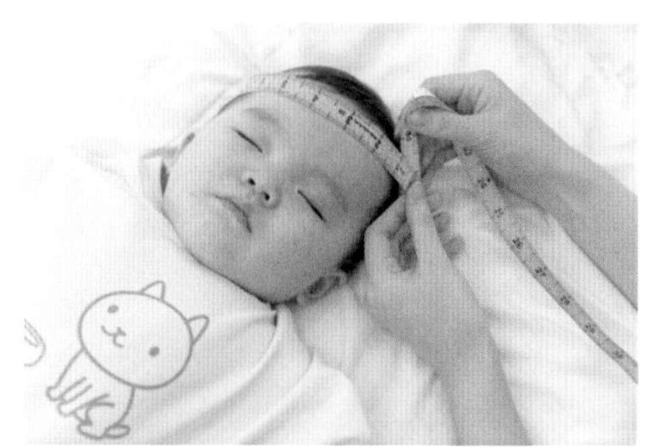

爸爸需要做的

重视宝宝身体检查

爸爸要提前准备好妻子和宝宝到医院检查要用的证件和物品。如果天气比较冷，要做好保暖工作；如果天热，要避免妈妈和宝宝中暑，并随身携带一些小零食给妈妈随时补充体力。

月子餐

芒果西米露

西米是用木薯粉、麦淀粉、玉米粉加工而成，性质温和，可改善脾胃虚弱，并能补充能量、缓解疲劳。搭配芒果可补充多种维生素，清甜可口。

原料：芒果 250 克，西米 50 克，牛奶 100 毫升，柚子瓣、白糖各适量。

做法：

1. 芒果洗净，去皮，取芒果肉放在搅拌机里搅拌成泥；西米浸泡 30 分钟。
2. 在芒果泥中倒入白糖、牛奶和柚子瓣，拌匀成芒果奶昔。
3. 锅烧热水，放入西米煮熟，捞出后过凉水，沥干，倒入芒果奶昔中即可。

百合炒肉

原料： 鲜百合 50 克，猪里脊肉 200 克，鸡蛋清 1 个，盐、水淀粉、油各适量。

做法：

1. 里脊肉洗净，切片；百合洗净，掰成瓣。
2. 肉片用蛋清抓匀，加水淀粉搅拌均匀。
3. 油锅烧热，放入肉片翻炒至五成熟，倒入百合一同炒熟，出锅前加盐调味即可。

肉末蒸蛋

原料： 鸡蛋 2 个，猪里脊肉 50 克，葱花、姜末、生抽、盐、油各适量。

做法：

1. 里脊肉洗净，切成肉末；鸡蛋打散成蛋液，加一点盐。
2. 油锅烧热，下入葱花、姜末炒香，倒入肉末，淋入生抽翻炒至熟。
3. 鸡蛋液冷水上锅，蒸 12 分钟。
4. 将炒熟的肉末淋在蒸好的蛋羹上即可。

清炒扁豆丝

原料： 扁豆 200 克，葱花、盐、油各适量。

做法：

1. 扁豆洗净，切丝，放入沸水中焯烫 2 分钟，捞出沥干。
2. 油锅烧热，下入葱花炒香，倒入扁豆丝翻炒至熟烂，出锅前加适量盐调味即可。

图书在版编目(CIP)数据

北京妇产医院专家、孕产营养顾问 : 坐月子一天一读 / 王琪，何其勤主编 . — 北京 : 中国轻工业出版社，2021.1

ISBN 978-7-5184-3219-6

Ⅰ. ①北… Ⅱ. ①王… ②何… Ⅲ. ①产褥期－妇幼保健－食谱②产褥期－妇幼保健－基本知识③新生儿－妇幼保健－基本知识 Ⅳ. ①TS972.164②R714.6③R174

中国版本图书馆 CIP 数据核字（2020）第 191395 号

责任编辑：高惠京　　责任终审：李建华　　整体设计：奥视读乐
责任校对：晋　洁　　责任监印：张京华

出版发行：中国轻工业出版社（北京东长安街 6 号，邮编：100740）
印　　刷：北京博海升彩色印刷有限公司
经　　销：各地新华书店
版　　次：2021 年 1 月第 1 版第 1 次印刷
开　　本：710×1000　1/16　印张：12
字　　数：200 千字
书　　号：ISBN 978-7-5184-3219-6　　定价：49.80 元
邮购电话：010-65241695
发行电话：010-85119835　传真：85113293
网　　址：http://www.chlip.com.cn
Email：club@chlip.com.cn
如发现图书残缺请与我社邮购联系调换
200408S3X101ZBW